ビジネスに効く教養としての
ジャパニーズ
イスキー

守
ウイスキー文化研究所代表

祥伝社

はじめに
来るべきジャパニーズウイスキー100周年に向けて

◎これからのビジネスパーソンに必要なのは、ウイスキーの知識！

欧米の映画やテレビドラマを見ていると、ウイスキーを飲むシーンがよく登場します。時にはその銘柄が登場人物たちのキャラクターを決めることもあり、ビジネス物やスパイ物などでは、ウイスキーが主人公の性格や社会的地位を雄弁に物語ることもしばしばです。

最近でも、織田裕二《おだゆうじ》主演でリメイク版が放送された、アメリカのテレビドラマ『ＳＵＩＴＳ』において、スコッチの「マッカラン」が飲まれるシーンがよく見受けられました。

マッカランは〝シングルモルトのロールスロイス〟と称され、欧米で根強い人気を誇っていますが、そんなマッカランをオフィスで渋く飲む主人公の姿というのは、やはりセリフ以上に視聴者に伝わるものがある、と思いました。

皆さんのなかにも、『ＳＵＩＴＳ』でマッカランを飲む主演俳優ガブリエル・マクトや、織田裕二につられて、マッカランを購入した人もいるのではないでしょうか。

そんなマッカランについて、私には忘れられない話があります。

私がシングルモルトに興味を持ちはじめたころ、ロンドンのソーホーで『モルトウイスキーアルマニャック』（１９８7年刊）の著書、ウォレス・ミルロイ氏とお会いする機会がありました。そのときに聞いたのが、「マッカランの依頼で全国の大学を回って学生に無料のマッカランセミナーをやっている」という話でした。

今から31年前のことでしたが、青田買《あおたが》いならぬ青田売りとでもいうのでしょうか。オックスフォードやケンブリッジといった大学は世界中から学生が集まり、将来の政治家、官僚、教授、そして国際的なビジネスパーソンを数多く輩出する場所。一例を挙げれば、２０２０年現在のイギリス首相ボリス・ジョンソン氏にしてもオックスフォード出身です。

そうした将来ある若者たちにマッカランとシングルモルトについて、さらには「教養としてのウイスキー」について教える――こうしてウイスキー教育を受けてきた世代のエリートたちが、三十数年の時を経て、今、国やビジネスをリードする要職に就いています。

つまり、従来のワインと同じように、ウイスキーを知らないということが、政治やビジネスにおいて世界と渡り合ううえで、マイナスになることが現実になってきたわけです。

◎ウイスキー不毛の地も、ウイスキーの魅力に気づいた⁉

このようなウイスキー教育は、大学だけに留まりません。特に本場スコットランドにおいては、ウイスキー教育はごく普通のこととなりました。

スコッチのシングルモルトがブームになり、スコットランドの蒸留所に観光客が訪れるようになった1990年代半ばころ、案内してくれるスタッフに製造のことを聞くと、「なんでそんな細かいことを聞く。日本に帰ってつくるつもりか?」などといわれたものでした。ところが、それが5年もしないうちに、スタッフのほうから積極的に製造の細かいスペックまで教えてくれるようになったのです。

そこには、消費者を育てることへの視点があったのでしょう。長い不況を乗り越えたスコッチ業界は、「これからはエデュケーションだ」と、いち早く〝教育〟の重要性、情報発信の大切さを認識しだしたのです。

今、スコットランドを訪れると40近い蒸留所が世界中から観光客を受け入れていて、驚くほど多彩なプログラムを用意しています。なかには2日コースというのもあり、教育にかける本気度がひしひしと伝わってきます。現在では、訪れる観光客は年間200万人を超えているでしょう。

こうして蒸留所で教育された消費者は、その後熱心な愛飲者となり、大切な顧客となっていくのです。そしてそれは、スコットランドだけに留まる話ではありません。ウイスキーの新たなタネは世界にまかれはじめています。

たとえば、2019年の日露外相会談において、日本の河野太郎《こうのたろう》外相がロシアのラブロフ外相にサントリーの「響《ひびき》」をプレゼントしています。聞けばウォッカの本場ロシアでも、昨今はウイスキーをはじめとしたブラウンスピリッツの人気が伸びているのだとか。

また、のちほど序章で詳述しますが、近年では台湾やインド、アフリカ、イスラム圏という長らくウイスキー不毛の地と目されてきた場所でも、ウイスキーづくりがはじまっています。

このように、ウイスキーは国や文化を超えて、以前よりもっと世界中に広がり、さまざまな地域で、新たに根づきはじめているのです。

◎地域経済の活性化にも貢献するウイスキー

さらにいえば、最近ではウイスキーが地域経済にとって重要なこともわかってきました。

地域経済活性化――スコッチやアイリッシュの多くの蒸留所を見てきて、私は5年ほど前から日本でもクラフト蒸留所の誕生が、地域経済の切り札になると考えるようになりました。世界的なクラフトウイスキー、クラフト蒸留所ブームで、2015年ころから日本でもクラフト蒸留所が相次いで誕生しています。

「47都道府県に最低一つの蒸留所」と冗談半分でそんなことをいってきましたが、現実は私の想像をはるかに超える勢いです。今ではジンやスピリッツの蒸留所も加えると、日本には60を超える蒸留所がひしめき、旅行者を楽しませています。

とはいえ、「ワイナリーや酒蔵も各地にあるじゃないか」と思った人もいるかもしれません。もちろん、ウイスキー以外にも酒蔵ツーリズムというのは存在します。しかし、ウイスキーほど目で見て楽しめて、人を引きつけられるツーリズムはほかにないと私は思っています。

日本酒やワインは仕込みの時期が決まっている季節物であり、実際に訪れてもそれほど酒蔵やワイナリーのなかで見せてもらえるものは多くありません。それに比べてウイスキーは1年中つくれますし、糖化《とうか》・発酵《はっこう》・蒸留・熟成とそのプロセスは複雑で、見るべきものがたくさんあります。銅製の蒸留器も一つとして同じものがなく、見ているだけでもワクワクします。要は多くの人を引きつける魅力があるのです。

日本中の蒸留所をトータルしたら、スコッチ同様、軽く年間200万人以上が訪れているでしょう。また、蒸留所誕生のニュースが地方局や地方紙の目玉となり、市長とクラフト蒸留所の代表が共同会見をするようなケースも出てきています。それだけ各地域にとって、ウイスキー蒸留所は経済を活性化させるハブとして、期待を集めているのです。

◎日本人なのに、ジャパニーズウイスキーを語れないのはもったいない

ウイスキーを取り巻く環境は、近年目まぐるしく変化してきています。もしかすると、昔のウイスキーのイメージをそのまま持っている人にとっては、まったく別物になっているかもしれません。

特にジャパニーズウイスキーに対する評価は、うなぎのぼりです。世界中の酒類コンペで最高賞を受賞し、今ではオークションの高額落札品の常連となっています。

しかし、惜しむらくは、当の日本人が自分の国のウイスキーについて知らないことです。よく海外に留学などに行くと、「あなたの国は、どんな歴史や文化か?」と聞かれて、自分以外のまわりの留学生は自分の国のことをすらすら話すのに日本人だけは話せない、という話を聞きます。同じようなことがウイスキーの世界でも起きているのです。

世界には日本のウイスキーのことを知りたがっている人が大勢います。ところが、肝心の日本人が、ウイスキーの教養を持ち合わせていない。現在、新型コロナウイルスの感染拡大でインバウンドは大きく落ち込んでいますが、収束すれば旧に倍する人々が世界中からやってくるでしょう。国際化やグローバル化はますます加速していきますが、そのときに必要なのは何か――国際社会を生き抜くビジネスパーソンにとって、私はウイスキーの知識、なかでもジャパ

ニーズウイスキーの知識が武器になると考えています。

だからこそ、ジャパニーズウイスキーとはどういうものなのか、基本・歴史・現在・課題といったことをこの一冊に凝縮して、一人でも多くの人にお伝えしたいのです。

日本のウイスキーは、もうじき誕生から100年を迎えます。これからさらにジャパニーズウイスキーを盛り上げるとともに、日本人にこそジャパニーズウイスキーを伝えて、先人たちの火を守り続けていきたい。そして、世界にもっとジャパニーズウイスキーの素晴らしさを知ってほしい。

いつか海外の映画やドラマで、ジャパニーズウイスキーが主人公のキャラクターを決定づけるような存在として登場する――そんな時代がくることを願っています。

目次

第1章　日本人とウイスキー

第2章 広告戦略から見るジャパニーズウイスキー全盛期

第3章　ジャパニーズウイスキー躍進の秘密

第4章　各地に増え続ける注目蒸留所と蒸留酒ビジネス

第5章 ジャパニーズが世界に冠たるウイスキーであるために

ブックデザイン＝福田和雄（FUKUDA DESIGN）
DTP＝キャップス
編集協力＝小川裕子
協力＝ウイスキー文化研究所・五十嵐順子

序章

ウイスキーの基礎知識

そもそもウイスキーとは何か

本書のテーマはジャパニーズウイスキーです。ただ、ウイスキーには少なくとも500年以上の歴史があり、スコットランド、アイルランド、アメリカ、カナダなど、さまざまな国でつくられています。

それぞれの国のウイスキーの来歴と現状は、一般教養として覚えておいて損はありません。また、知っておけば、ジャパニーズウイスキーへの理解がより深まります。

そこで本章では、ジャパニーズウイスキーについて語る前提「序章」として、酒類およびウイスキーの基礎知識をご紹介したいと思います。

◎同じ「酒」でもつくり方はさまざま

まず、酒類というものの分類について説明しましょう。世界中のあらゆる酒類は、製造方法によって「醸造酒《じょうぞうしゅ》」「蒸留酒《じょうりゅうしゅ》」「混成酒《こんせいしゅ》」の三つに分類できます。

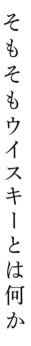

【醸造酒】

▽果物や穀物をそのまま、または糖化（食物に含まれるデンプン等を、酵素等の働きで糖分に変化させること）させたあと、酵母《こうぼ》の働きでアルコール発酵させたもの。人類がはじめて出会った酒がこの醸造酒で、発酵酒ともいいます。アルコール度数は5～15％ほどです。

●醸造酒の例――ビール、日本酒、紹興酒、マッコリ、ワイン、シードル（サイダー）など

【蒸留酒】

▽果物や穀物などをアルコール発酵させたあと、蒸留してつくる酒のこと。ごく簡単にいうと、ワインを蒸留したものがブランデーで、ビールを蒸留したものがウイスキーです。

醸造酒との大きな違いは、蒸留によってアルコール度数が高くなっている点。なかには90％を超えるものもあります。醸造酒に比べて格段に強いことから、酒精《しゅせい》、もしくはスピリッツ（spirits）とも呼ばれます。

●蒸留酒の例――ウイスキー、ブランデー、ジン、ウォッカ、ラム、テキーラ、カルバドス、焼酎、泡盛など

【混成酒】

▽醸造酒や蒸留酒に、植物の種子や果実などの香味、糖分等を添加した酒類。または、そ

れらを混合したもの。主に、植物の種子や果実、果皮《かひ》をアルコールに混ぜて蒸留する、あるいはアルコールに浸《ひた》して香味を移すといった方法でつくられます。

●混成酒の例――リキュール、ベルモット、梅酒、みりん、薬用酒、カクテルなど

今説明したとおり、ウイスキーは蒸留酒に分類されます。しかし、ひと口に蒸留酒といっても、ブランデーやジンなどさまざまな種類があります。では、ウイスキーとほかの蒸留酒との違いはどこにあるのでしょうか。

◎「ウイスキー」と「ブランデー」や「ジン」は何が違うのか

同じ蒸留酒でも、ウイスキーとほかの蒸留酒には、明確な違いがあります。その違いは何かというと、次の三つです。一般的にこの条件をクリアした酒類がウイスキーと定義されます。

【ウイスキーの一般的な定義】

①大麦、ライ麦、小麦、オート麦、トウモロコシなどの穀物を原料としていること
②糖化・発酵・蒸留を行なっていること
③蒸留によって得られた原酒を木製の樽《たる》に貯蔵し熟成させていること

以上の条件に照らし合わせてみると、蒸留酒のジンやウォッカは木樽熟成を行なわないため、ウイスキーとは呼びません。また、ブランデーは蒸留酒でなおかつ木樽熟成を行ないますが、原料がブドウ、つまり穀物ではないので、ウイスキーとは別の酒となります。

ただし、ウイスキーの定義は国によってもさまざまです。原料の比率や熟成年数などについて、さらに細かく規定されている国も少なくありません。こちらについては、「世界の五大ウイスキーを理解する」の項目で説明します。

◎ウイスキーの分類その1：「モルト」と「グレーン」

さて、右の「ウイスキーの一般的な定義」にあるように、ウイスキーは大麦、ライ麦、小麦、オート麦、トウモロコシなどの穀物を原料としていますが、スコットランドやアイルランド、日本では、主に「モルトウイスキー」と「グレーンウイスキー」がつくられています。

【モルトウイスキー】

大麦を水などに浸《つ》けて発芽させたものを大麦麦芽《ばくが》といいます。モルト、あるいは単に麦芽ともいい、この大麦麦芽のみを原料とするウイスキーがモルトウイスキーです。

モルトウイスキーは、一般的に次のような工程でつくられます。

●モルトウイスキーの製造の流れ

①糖化……大麦麦芽を粉砕して糖化槽《そう》（マッシュタン）と呼ばれる大きな容器へ移します。お湯を入れて攪拌《かくはん》すると、大麦麦芽に含まれた酵素の働きにより、大麦のデンプンが麦芽糖などの糖に変化します。糖化して得られた液を麦汁《ばくじゅう》（ワートまたはウォート）といいます。

②発酵……麦汁を冷却して発酵槽（ウォッシュバック）と呼ばれる容器へ。そこへ酵母を投入すると、酵母が麦汁の糖分を食べることで、麦汁がアルコールと炭酸ガスに分解されます。発酵を終えるとアルコール度数7～9％の発酵液ができあがります。これをもろみ、英語ではウォッシュといいます。

③蒸留……もろみを蒸留器（蒸留釜、ポットスチルとも）へ移し、蒸留します。モルトウイスキーの場合、蒸留するたびにもろみを入れ替えるバッチ式蒸留法が用いられます。バッチ式蒸留法で用いられる蒸留器を単式蒸留器といいます。蒸留器は蒸留所によって形、大きさが異なり、一つとして同じものはありません。

蒸留は通常2～3回行なわれ、1回目の蒸留を初留《しょりゅう》、2回目の蒸留を再留《さいりゅう》といい、再留を終えた無色透明の液体はニューポット（ニューメイク・スピリッツとも）といいます。

[図1] ウイスキーの製造工程

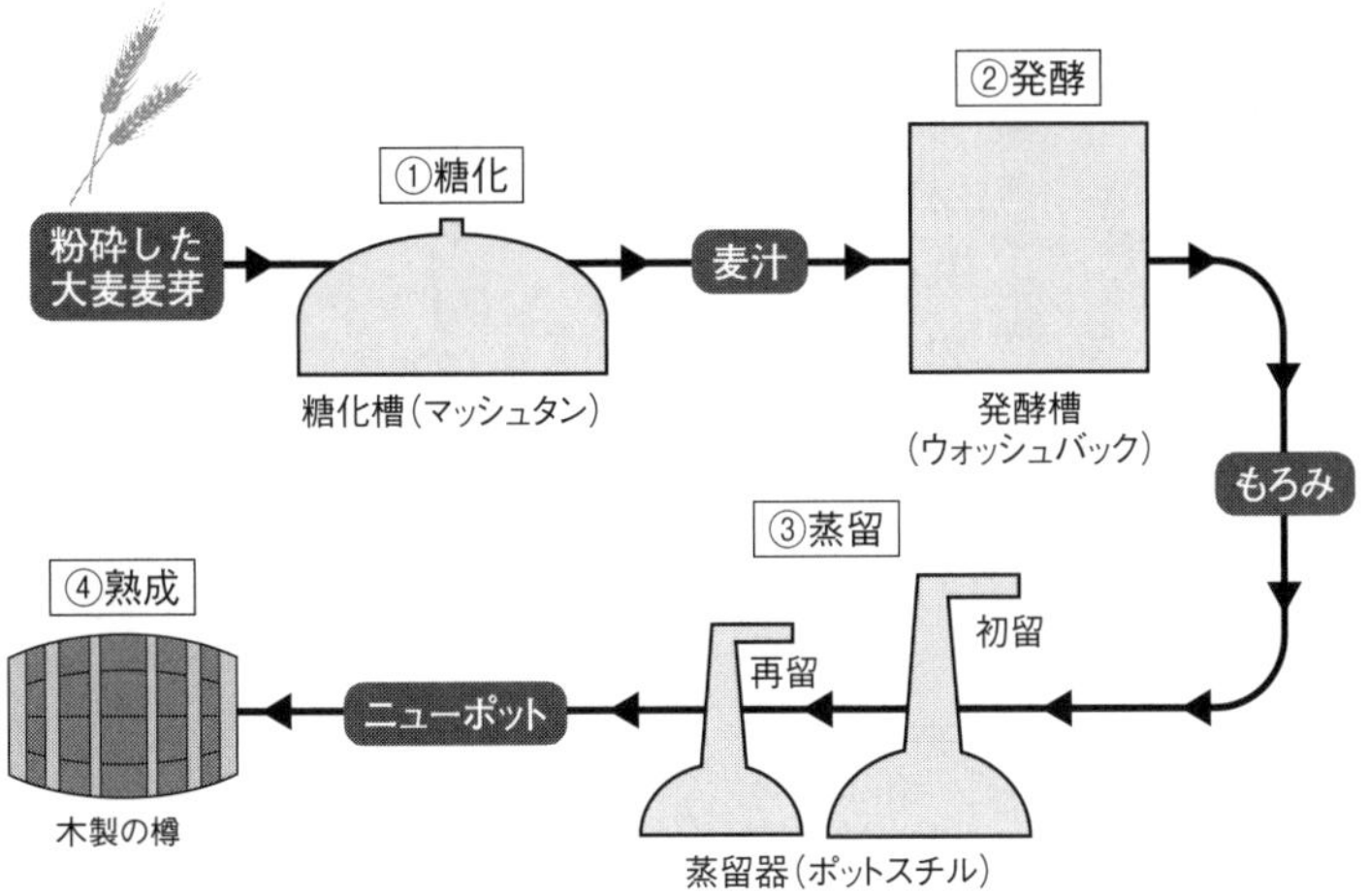

④熟成……ニューポットを木製の樽に詰め、熟成させます。

モルトウイスキーはグレーンウイスキーに比べて原料や発酵・蒸留に由来する香味成分が豊富で個性が強いことから、「ラウドスピリッツ」と呼ばれます。

【グレーンウイスキー】

トウモロコシや小麦、ライ麦など、大麦麦芽以外の穀物も使用してつくられるウイスキーがグレーンウイスキーです。原材料を糖化・発酵・蒸留して熟成するという工程は、モルトウイスキーと同じです。

ただし違いもあり、モルトウイスキーでは単式蒸留器で蒸留が行なわれますが、グレーンウイスキーでは、もろみを連続的に投入できる連続式蒸留機で蒸留が行なわれます（例外もあります）。

連続式蒸留機で蒸留すると香味成分が乏《とぼ》しくなるため、グレーンウイスキーは「サイレントスピリッツ」と呼ばれます。グレーンウイスキーのほとんどはブレンデッドウイスキーの原酒として生産されており、グレーンウイスキーがそのまま製品化されることはあまりありません。

◎ウイスキーの分類その2：「シングルモルト」「ブレンデッド」

ウイスキーに少しでも興味がある方であれば、「シングルモルト」「ブレンデッド」という言葉を聞いたことがあるはずです。モルトウイスキー、グレーンウイスキーは、製造方法によってさらに、シングルモルト、ブレンデッドなど五つの種類に分けられます。

【シングルモルト】

▽ウイスキーは通常、複数の樽の原酒を混ぜ合わせて味を調整しています。この際、単一（シングル）の蒸留所でつくられたモルトウイスキー（モルト原酒）のみを混ぜて瓶詰《びんづ》めしたものがシングルモルトです。また、シングルモルトのうち、一つの樽の原酒だけを瓶詰めしたものを「シングルカスク」といいます。

【シングルグレーン】

▽単一の蒸留所でつくられたグレーンウイスキー（グレーン原酒）だけを瓶詰めしたもの。

【ブレンデッドモルト】

▽複数の蒸留所のモルト原酒を混ぜて瓶詰めしたもの。ヴァッテッドモルトともいいます。

【ブレンデッドグレーン】

▽複数の蒸留所のグレーン原酒を混ぜて瓶詰めしたもの。ヴァッテッドグレーンともいわれます。

【ブレンデッド】

▽ブレンダーと呼ばれる職人が、複数の蒸留所でつくられたモルト原酒とグレーン原酒を数種類から数十種類混ぜ合わせ、それを瓶詰めしたもの。

有名どころとしては、ジョニーウォーカー、シーバスリーガル、バランタインなどがあります。サントリーのサントリーオールド、トリス、響、ニッカのブラックニッカ、スーパーニッカなどもブレンデッドウイスキーです。

◎シーバスリーガル12年
華やかな香りにファンも多い。ブレンデッドデビューに最適

◎ジョニーウォーカーブラックラベル12年
29種のモルト原酒をブレンド。スモーキーかつフルーティ

◎サントリーオールド
1950年発売以来、進化を続けるジャパニーズブレンデッド

◎バランタインファイネスト
使われるモルト原酒は40種以上。なめらかな味わいが特徴

◎響ジャパニーズハーモニー
サントリーのブレンデッドの最高峰「響」のノンエイジ製品

◎トリスクラシック
自宅で気軽に楽しめるトリスの新ライン。ハイボールに最適

◎スーパーニッカ
余市と宮城峡のモルトに甘さを持つカフェグレーンをブレンド

◎ブラックニッカクリアブレンド
ブラックニッカの入門ボトル。クセのないクリアな味わい

モルトウイスキーはグレーンウイスキーに比べて、気候や立地など、環境のわずかな違いにも大きな影響を受けます。その傾向はシングルモルトではとりわけ顕著となり、ゆえにシングルモルトは「土地が育《はぐく》む酒」と表現されます。一方、ブレンダーが匠《たくみ》の技で生み出すブレンデッドは「人がつくる酒」といわれます。

1980年代後半から、世界ではシングルモルトがブームとなっています。しかしながら、世界の市場を見れば主力は依然としてブレンデッドです。ウイスキーの代表ともいえるスコッチ（スコットランドでつくられるウイスキー）全体の消費量でいえば、シングルモルトが1割強、ブレンデッドが9割弱と、ブレンデッドが圧倒的優勢となっています。

世界の五大ウイスキーを理解する

ウイスキーの全体像がつかめたところで、世界でどんなウイスキーがつくられているのかを見ていきましょう。まずは、「スコッチウイスキー」「アイリッシュウイスキー」「アメリカンウイスキー」「カナディアンウイスキー」「ジャパニーズウイスキー」について、それぞれの概要を紹介します。これらのウイスキーは「世界五大ウイスキー」と称され、世界中のウイスキーファンを魅了し続けています。

◎ウイスキーの絶対王者「スコッチウイスキー」

イギリス（グレートブリテン及び北アイルランド連合王国）は、イングランド、スコットランド、ウェールズ、北アイルランドの四つの地域で構成されています。このうち、ごく大ざっぱにいうと、「スコットランドで製造・熟成されたウイスキー」がスコッチウイスキーです。

ウイスキーを意味する蒸留酒が、文献にはじめて登場するのは15世紀のこと。１４９４年のスコットランド王室財務係の記録に、次のような一文があります。

王命により修道士ジョン・コーに8ボルのモルトを与えアクアヴィテをつくらしむ

アクアヴィテ（aqua vitae）は、ラテン語で「生命の水」を意味し、ウイスキーだけでなく、多くの蒸留酒の語源となっています。

ちなみに、世界ではじめてウイスキーがつくられた地域については諸説あり、いまだ確定していません。しかし、一般には、文献に登場する１４９４年以前に、ウイスキーの蒸留法がアイルランドからスコットランドへ伝えられたと考えられています。

文献に「修道士」と書かれていることからわかるように、ウイスキーはもともと修道院でつくられていました。そのウイスキーの製法が民間に伝わったのは16世紀以降。当時はまだ熟成という概念はなく、蒸留したままの、色もついていない粗《あら》い地酒にすぎませんでした。

このころはブレンデッドという手法も考案されていませんから、スコットランドでもともと飲まれていたのはモルトウイスキーということになります。

熟成という手法が生み出されたのは18世紀のこと。１７０７年、イングランドがスコットランドを併合してグレートブリテン王国（大英帝国）が誕生しました。イングランドとスコットランドは長年対立してきた間柄。イングランドへの併合に反対したスコットランド人、とりわけハイランドの民たちは反乱を起こします。これがいわゆるジャコバイト蜂起《ほうき》です。最終的に反乱の鎮圧に成功したイングランド政府は、パグパイプの演奏やキルトの着用を禁じるなど、スコットランドの文化を弾圧。ウイスキーにも重税を課しました。

この圧政から逃れるべく、盛んになったのがウイスキーの密造、そして熟成です。樽で熟成するというウイスキーならではのプロセスは、この密造酒時代に、密造者が政府の摘発《てきはつ》の目を逃れる方策として編み出したと考えられています。

密造酒時代は70年以上続きましたが、１８２３年の酒税法の改正により蒸留業は政府に申請

重税から逃れるために、人里離れた山奥で原酒を樽に入れて隠したことから、ウイスキーの熟成は始まった

して行なう免許制となり、終わりを告げました。その後、1830年代には、アイルランド人のイーニアス・コフィーが改良・実用化した連続式蒸留機を用い、大量のグレーンウイスキーがつくられるようになります。

そして、1860年、酒税法の改正により、異なる蒸留所のモルトウイスキーとグレーンウイスキーを保税倉庫内で混ぜることが可能となります。これにより、ブレンデッドウイスキーが誕生するのです。

グレーンウイスキーを混ぜることで格段に飲みやすくなったブレンデッドウイスキーはまたたく間に評判を呼び、1900年代前後には「世界の蒸留酒の王様」と呼ばれるほどになりました。

しかし、盛者はいつか衰えるのが世の道理です。１９７０年代後半、スコッチウイスキーの最大の市場であった北米マーケットの縮小などにより、スコットランドのウイスキー業界全体が低迷。操業停止をやむなくされた蒸留所や、蒸留所そのものを閉鎖するウイスキーメーカーが相次ぎました。

そんな約20年続いたスコッチの冬の時代に、終わりの兆《きざ》しが見えたのは１９８０年代後半から。シングルモルトが静かなブームとなり、また、ミレニアム以降は新興国でのスコッチのブレンデッドの消費量が急激に伸びた影響もあって、V字回復を果たしたのです。

そして現在、スコットランドは空前のクラフトウイスキーブームに沸いています。各地にクラフト蒸留所が誕生し、２０００年ころには80カ所ほどだった蒸留所は今や１４０以上。この流れはまだしばらく続くでしょう。

なお、「スコッチウイスキー」は世界貿易機構（ＷＴＯ）が認定した地理的表示であり、「スコッチウイスキー」を名乗るためには、イギリスの法律で定められている次の条件をクリアしなくてはなりません。

【スコッチウイスキーの定義】

・水とイースト菌と大麦麦芽のみを原料とする（麦芽以外の穀物の使用も可能）
・スコットランドの蒸留所で糖化、発酵、蒸留を行なう

・アルコール度数94・8％以下で蒸留する
・容量700ℓ以下のオーク樽に詰める
・スコットランド国内の保税倉庫で3年以上熟成させる
・水と、（色調整のための）スピリッツカラメル以外の添加は認めない
・最低瓶詰めアルコール度数は40％（40％未満はスコッチウイスキーとして認められない）
・シングルモルトウイスキーはスコットランド国内で瓶詰め、ラベリングを行なう（樽でのシングルモルトの輸出は認めない）

一度は低迷したものの、スコッチは今なお「ウイスキーの王様」と称され、スコットランドは「ウイスキーの聖地」と呼ばれます。スコットランドでつくられるウイスキーはなぜ、それほど特別なのか。その最大の理由は、スコットランド特有の風土にあります。

スコットランドは夏でも冷涼で年間降水量が少なく、原料となる大麦の生産に適しています。また、広大な湿地帯から豊富に切り出せるピート（泥炭《でいたん》）も、スコッチウイスキーを語るうえで欠かせないポイントです。ピートとは、植物が堆積し、長い年月をかけて炭化したものです。この際、大麦麦芽は発芽がある程度の段階に達したら、それ以上発芽が進まないよう乾燥させます。この際、スコットランドでは伝統的にピートを焚《た》き、その煙でいぶします。このプロセスにより付与されたスモーキーな風味が、スコッチウイスキーのほかにはない個性となっているのです。

［図2］ スコットランドの主なウイスキーの生産地

アイランズ

アイラ島を除く、スコットランドの北岸から西岸にかけて点在する島の総称。島育ちの個性派がそろっている

ハイランド

スコットランド北部を占める地域。各蒸留所の個性が強いため、地域に共通する特徴はない

スペイサイド

ハイランド地方北東部に位置するスペイ川流域で、スコットランド最大の生産地。華やかでバランスにすぐれた名酒がそろっている

アイラ

ヘブリディーズ諸島最南端の島。独特のスモーキーさ、ピート香、「潮の香り」を持つ味わいは、他地域にはない特徴として有名

キャンベルタウン

キンタイア半島先端にある港町。全盛期には30超の蒸留所があったが、衰退。「ブリニー」と表現される塩辛さが特徴

ローランド

エジンバラやグラスゴーといった都会も含む地域。穏やかな気候風土の影響からか、飲みやすく繊細なモルトウイスキーが多い

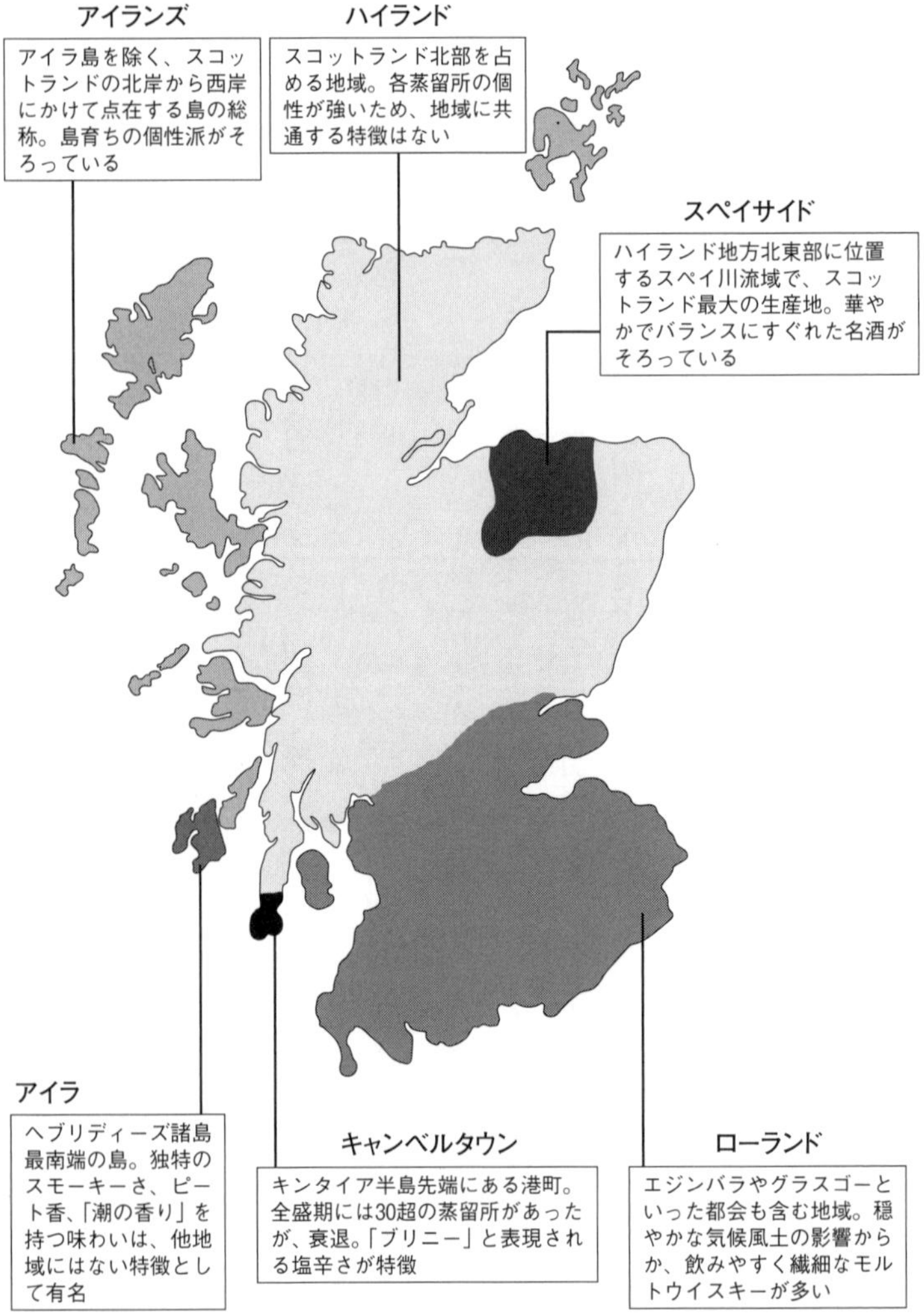

また、スコッチのモルトウイスキーは生産地区分により、ハイランドモルト、スペイサイドモルト、アイラモルト、アイランズモルト、ローランドモルト、キャンベルタウンモルトの六つに分けられますが、スペイサイドモルトは華やかでバランスにすぐれている、アイラモルトは潮の香りとスモーキーさが際立つなど、それぞれ特徴があります。スコッチは、モルトウイスキーだけでも無数のバリエーションを持っているのです。

さらに、それらのモルト原酒にグレーン原酒を混ぜ合わせたブレンデッドもあります。これがスコッチの大きな魅力であり、世界中の人々が夢中になる理由といえるでしょう。

◎劇的な復活を遂げた名門「アイリッシュウイスキー」

グレートブリテン島の西にアイルランド島があります。北海道よりひと回り大きいこの島には、一つの地域と一つの国が存在します。イギリスの一員である北アイルランドと、アイルランド共和国です。北アイルランドでつくられるウイスキーも、アイルランド共和国でつくられるウイスキーも、ともにアイリッシュウイスキーと呼ばれます。

一般的に、アイリッシュウイスキーの歴史はスコッチよりも古いと考えられています。その根拠とされているのは、１１７２年、イングランド王ヘンリー２世がアイルランドを侵攻した際の記録です。そこには、兵士がアイルランドの蒸留酒「ウスケボー」について報告した内容が書かれている、と伝わっています。

あくまで「伝わっています」と書いたのは、文書が現存していないため。これが本当であれば、アイルランドではスコットランドより早くウイスキーが飲まれていたことになりますが、真偽のほどは定かではありません。

しかしながら、アイルランドでは、10世紀ころには大麦を蒸留した酒が飲まれていたと考えていいでしょう。

イングランド王ヘンリー2世

その後、17世紀以降、アイリッシュウイスキーは次第に産業化され、19世紀後半から20世紀にかけて全盛期を迎えます。一つの蒸留所あたりの生産量はスコッチウイスキーをはるかに上回り、当時の世界のウイスキー市場の60％をアイリッシュが占めていたといわれるほどです。

しかし、スコッチのブレンデッドの誕生やアイルランド独立戦争（１９１６〜１９２２年）、禁酒法によるアメリカでの消費低迷などの要因が重なり、アイリッシュウイスキーはスコッチに首位の座を奪われます。最盛期には２００ともいわれた蒸留所の数は、１９８０年代にはミドルトン蒸留所とブッシュミルズ蒸留所の２カ所だけになってしまいました。

それから40年の時を経て、アイリッシュウイスキーは今、劇的な復活を遂げています。近年の世界的なウイスキーブームを追い風に新しい蒸留所が続々と誕生しているのです。現在、アイルランドで稼働している蒸留所は30ほど。2020年中には40近くになる見込みです。
ちなみに、現在「アイリッシュウイスキー」には次のような定義が定められています。

【アイリッシュウイスキーの定義】

・穀物類を原料とする
・大麦麦芽に含まれるジアスターゼ（酵素）により糖化する
・酵母の働きにより発酵させる
・蒸留液から香りと味を引き出せるように、アルコール度数94・8％以下で蒸留する
・容量700ℓを超えない木製樽に詰める
・アイルランド、または北アイルランドの倉庫で3年以上熟成させる（移動した場合は両方の土地での累計年数が3年以上）

アイリッシュウイスキーは原料と製法の違いから、「モルトウイスキー」「グレーンウイスキー」、そして「ポットスチルウイスキー」の三つに分けられます。細かな定義の違いはあるものの、モルトウイスキーとグレーンウイスキーはスコッチのそれとほぼ同じと思っていただい

てかまいません。
一方、ポットスチルウイスキーには、以下のような特徴があります。

・大麦麦芽だけでなく、未発芽大麦（バーレイ）とそのほかの穀物（ライ麦、小麦、オート麦など）を混合して原料とする
・単式蒸留器（ポットスチル）で2～3回蒸留する
・大麦麦芽の乾燥にはピートは使用しない

ポットスチルウイスキーはアイリッシュ独自のものです。アイリッシュはスコッチに比べてクセが少なく、マイルドで飲みやすいといわれますが、これはポットスチルウイスキーによるところが大きいといえるでしょう。また、スコッチウイスキーのブレンデッドは、「モルトウイスキー＋グレーンウイスキー」の1パターンのみ。しかし、アイリッシュウイスキーのブレンデッドには、次の四つのバリエーションがあります。

・モルトウイスキー＋グレーンウイスキー
・モルトウイスキー＋ポットスチルウイスキー
・グレーンウイスキー＋ポットスチルウイスキー

・モルトウイスキー＋グレーンウイスキー＋ポットスチルウイスキー

ブレンデッドの多様さは、今後、アイリッシュの大きな強みとなるに違いありません。

◎クラフトブームの立役者「アメリカンウイスキー」

アメリカでつくられるウイスキーの総称が「アメリカンウイスキー」です。
法律ではアメリカンウイスキーは次のように定義されています。

【アメリカンウイスキーの定義】

・穀物を原料に190プルーフ（アルコール度数95％）以下で蒸留する
・オーク樽で熟成する（コーンウイスキーは必要なし）
・80プルーフ（アルコール度数40％）以上で瓶詰めする

アメリカンウイスキーは、スコットランドやアイルランドからやってきた移民が18世紀ころからつくりはじめたといわれています。その後、アメリカンウイスキーは独自の進化を遂げ、現在は主に、バーボンウイスキー、ライウイスキー、ホイートウイスキー、モルトウイスキー、ライモルトウイスキー、コーンウイスキー、ブレンデッドウイスキー、ライウイスキーの7種類のウイスキーが製造されています。それぞれの細かい定義はここでは省き、アメリカンを代表するバーボンウイスキーとスコッチの違いだけを押さえておきましょう。

【バーボンとスコッチの違い】

原料

バーボンは原料の51％以上がトウモロコシでなくてはなりません。ほかにライ麦、小麦、大麦麦芽も使われます。スコッチやアイリッシュのグレーンウイスキーでもトウモロコシや小麦が使われますが、バーボンのように3〜4種類の穀物を混合して使うのはまれです。

仕込み水

ウイスキーの製造に使われる水を「仕込み水」と呼びます。スコッチの仕込み水は一般的に軟水です。一方、バーボンではライムストーンウォーターと呼ばれる弱アルカリ性の硬水が使われます。しかし、弱アルカリ性の水では糖化や発酵がなかなか進みません。このため、蒸留の際に出る酸度の高い廃液を加えて調整しています。これを「サワーマッシュ方式」といい、バーボン独得の方法です。

熟成用の樽

スコッチの熟成に新樽が使われることはほぼありません。バーボンやワイン、シェリー等、ほかの酒が詰められた樽が再利用されます。樽由来の香味と、ウイスキー本来の香味が一体となることで、スコッチの深遠な味わいが生まれるのです。一方バーボンは、内側を焦《こ》がしたオークの新樽のみが認められています。バーボンを飲んだ際に感じられるバニラのような華やかな香りやカラメルのような甘さは、主に内側を焦がしたオークの新樽の影響によるものです。

バーボンのなかで特に有名なのがケンタッキー州産のケンタッキーバーボンと、テネシー州でつくられるテネシーウイスキーです。

ケンタッキー州でつくられ、最低1年以上熟成されたバーボンは、ケンタッキーバーボンを名乗ることができます。ジムビーム、フォアローゼズ、ワイルドターキー、アーリータイムズ、メーカーズマーク、バッファロートレースなど、日本でもおなじみのアメリカンウイスキーの多くはケンタッキーバーボンです。

バーボンのうち、テネシー州でつくられ、チャコールメローイング工程を経たウイスキーをテネシーウイスキーといいます。チャコールメローイングとは、蒸留直後のニュースピリッツを樽詰めする前に、サトウカエデの炭の層をくぐらせて時間をかけてろ過する工程のこと。テネシーウイスキーの口当たりのやわらかさや特有の香りは、このチャコールメローイングに由来します。アメリカンの売り上げトップは、テネシーウイスキーのジャックダニエルです。

◎フォアローゼズ
10種の原酒をブレンド。フルーティさ・飲みやすさが身上

◎ワイルドターキー8年
歴代のアメリカ大統領が愛飲する、バーボンの代名詞

◎ジャックダニエルブラックラベル
チャコールメローイングでつくられるテネシーウイスキー

◎メーカーズマークレッドトップ
ライ麦の代わりに冬小麦を使用。上品でまろやかな口当たり

なお、スコッチ、アイリッシュの項目で触れたように、現在、クラフトウイスキーブームが起きています。このブームはもともとアメリカではじまりました。

2000年代に入ってから、アメリカではまず、クラフトビールが流行します。ビールづくり教室やビール醸造キットを購入できるショップが相次いで登場し、小規模な醸造所（ブルワリー）が激増。クラフトビールで酒づくりの経験を積んだ人たちが、次に目を留めたのがウイスキーでした。

2010年以降、クラフト蒸留所（ディスティラリー）が次々と誕生。2012年の時点で300くらいといわれていたクラフト蒸留所の数は、2019年には1800とも1900ともいわれるほどになりました。

一方、次々とクラフト蒸留所が誕生するなかで、つぶれるクラフト蒸留所も少なからずあります。そのため、正確な蒸留所の数は誰も把握できていません。

アメリカからはじまったクラフトウイスキーブームは、今、五大ウイスキーの産地以外にも波及し、ウイスキーの市場を大きく広げています。

◎隠れた実力者「カナディアンウイスキー」

カナダでつくられるカナディアンウイスキーは、五大ウイスキーのなかで最も軽い酒質とし

◎**カナディアンクラブ**
ライト＆スムーズ。「C.C.」の愛称で親しまれている

て知られています。

カナダで本格的にウイスキーづくりがはじまったのは18世紀です。アメリカ東部から五大湖周辺に移住してきたイギリス系住民が穀物を栽培し、やがて製粉業に発展。製粉所の余剰穀物でウイスキーづくりをはじめたのがきっかけでした。1920年から1933年までアメリカで禁酒法が施行された折には、カナダはアメリカに大量のウイスキーを輸出しています。これにより莫大な富を築き、カナディアンウイスキーは全盛期を迎えました。今でも生産量の7割以上はアメリカで消費されています。

現在、カナディアンウイスキーは次のように定義されています。


【カナディアンウイスキーの定義】

・穀物を原料とする
・酵母によって発酵を行なう
・カナダで蒸留を行なう

・小さな樽（700ℓ以下）で最低3年間貯蔵する

カナディアンウイスキーには、「フレーバリングウイスキー」と「ベースウイスキー」の2タイプの原酒があります。フレーバリングウイスキーはバーボンウイスキーに近く、ベースウイスキーはクセのないニュートラルスピリッツに近いものです。この二つをブレンドしたものがカナディアンブレンデッドウイスキーで、カナディアンウイスキーのほとんどはこのブレンデッドウイスキーとなります。

カナディアンウイスキーは、先述のとおり7割以上がアメリカで消費されているため、日本ではあまりなじみがないかもしれません。ただ、カナディアンクラブ、クラウンローヤル、アルバータプレミアムなどは日本でも流通しており、バーで飲むこともできます。興味がある方は試してみてはいかがでしょうか。

カナダではスコットランドより早い2007年ころからクラフトウイスキーブームが到来。現在、80近い蒸留所ができています。

◎世界が驚愕する成長株「ジャパニーズウイスキー」

詳しくは第1章で触れますが、日本で本格的なウイスキー蒸留所が創設されたのは1923

（大正12）年のこと。スコットランドやアイルランドからの移民によってウイスキーづくりがはじまったアメリカ、カナダでも、すでに200年以上ウイスキーがつくられているのに対し、日本のウイスキーの歴史は2020年時点で100年未満。五大ウイスキーのなかでは新参者といわざるをえません。それにもかかわらず、近年、ジャパニーズウイスキーが世界的な賞を軒並み受賞しており、その成長には目を見張るものがあります。

一方で、ジャパニーズウイスキーには弱点があります。ほかの生産地に比べて定義が非常にゆるいのです。現在、ジャパニーズウイスキーは次のように定義されています。

【ジャパニーズウイスキーの定義】

・発芽させた穀類や水を原料として、糖化・発酵させたアルコール含有物を蒸留したもの
・蒸留はアルコール度数95％未満で行なう
・右記にアルコール、スピリッツ、香味料、色素または水を加えたもの

しかも、この定義はあくまでも酒税法上のもの。穀物の種類や蒸留器、熟成年数、樽の種類、生産場所、瓶詰め時の最低アルコール度数に関する決まりもありません。スコッチやアメリカンの定義に見られるような、ウイスキーの品質を保証するためのレギュレーション（規定）とは性格が異なります。

そのため日本では、蒸留直後の樽熟成していないものを「ウイスキー」と呼ぶこともできます。しかし、スコッチウイスキーを輸入して日本で瓶詰めしたウイスキーを「ジャパニーズウイスキー」と謳《うた》って販売することも可能なのです。

しかし、これでは国際市場での信用を失いかねません。ジャパニーズウイスキーの品質を担保する、レギュレーションの制定が急がれます。

なお、このレギュレーション問題については第5章で詳しく説明します。

世界が注目する新興国のウイスキーを知る

国際基準からはずれるものも含めれば、ウイスキーを称する酒類は、世界50カ国以上で製造・販売されています。ワインの一大生産地であるフランスにもウイスキーの蒸留所がありますし、スウェーデン、フィンランド、ノルウェーでもウイスキーがつくられています。

また、ブラジルやウルグアイ、オーストラリア、ニュージーランドにも蒸留所があります。

ここでは、五大ウイスキー以外で注目に値する、新興国のウイスキーをご紹介しましょう。

◎世界一のウイスキー消費国から本格派が誕生

ウイスキーが最も飲まれている国、それがインドです。意外ですよね。私もこれを知ったときは大変驚きました。これまで、ウイスキー消費国第1位はアメリカ、2位はフランスだといわれていました。しかし、最近の統計でインドが第1位と判明。インドの消費量はアメリカの3～4倍、フランスの10倍以上にもなります。

こんな統計もあります。アルコール飲料専門の市場調査会社ＩＷＳＲによれば、２０１８年にインドで販売されたウイスキーは2億１３００万ケース。2位のアメリカは６９００万ケース、3位の日本は１９００万ケースでした。さらに、イギリスのドリンクス・インターナショナル社によると、世界のウイスキー販売量ランキングにおいて、上位10社中6社がインドで生産されるウイスキーでした（２０１８年）。

実は、インドは世界最大のウイスキー消費国であり、世界有数の生産国でもあるのです。

インドでこれほどウイスキー文化が根づいているのは、イギリスの植民地だった影響が強いといわれています。ただ、インドで生産・消費されているウイスキーのほとんどは、モラセスを原料とした安価なものです。モラセスは、サトウキビから砂糖を生成する際に出る副産物で、日本では廃糖蜜《はいとうみつ》といいます。モラセスに水と酵母を加え、アルコール発酵させたら蒸留し、最後に色と味と香りをつけたらできあがり。売上の上位に並ぶインディアンウイスキーは、すべてこのタイプです。瓶入りもありますが、紙パックでの販売も一般的で、200㎖サイズが日本円で90円くらい。ビールやワインに比べてコストパフォーマンスがよく、手っ取り早く酔いたい酒呑みは、この紙パックを両手いっぱいに抱えて購入するのです。

モラセスは穀物ではないので、モラセス原料のウイスキーは、国際基準ではウイスキーといいがたいものがあります。EUでは、ウイスキーは「穀物を原料とする蒸留酒を木の樽で熟成させたもの」と定義されており、この条件を満たさないインディアンウイスキーは、EU域内ではウイスキーとして販売できません。インドが世界一のウイスキー消費国であることがこれまであまり知られていなかったのは、インディアンウイスキーが国際基準からはずれているということ、このあたりの事情も影響しているのでしょう。

ところが近年、世界に通用するインディアンウイスキーが登場しています。その一つがアムルット蒸留所のシングルモルトウイスキー「アムルット」です。

アムルット蒸留所がウイスキーづくりをスタートしたのは1985年。当初はブレンデッドウイスキーのみを製造していましたが、2004年に世界初のインディアンシングルモルト「アムルット」をリリースします。アムルットとは、サンスクリット語で「人生の霊酒《れいしゅ》」を意味

◎アムルット シングルモルト インディアンウイスキー

「アムルット」の定番の一本。リッチでオイリーな味わい

するのだそうです。

蒸留所周辺の気候風土は、ウイスキーの熟成に大きな影響を与えます。これまで、ウイスキーづくりに適しているのは寒冷地だといわれていました。寒冷地のように外気温の変化が少ないほうが熟成がゆっくりと進みます。その分、樽の成分がニューポットと時間をかけて混ざり合い、ウイスキーに奥行きをもたらすというのが定説となっていました。

一方のインドは熱帯および亜熱帯気候に属しています。暑い国のシングルモルトが果たしておいしいのか、いぶかる方もいるでしょう。ただ、アムルット蒸留所が位置するバンガロールは標高９２０ｍの高地で、夏でも滅多なことでは37度以上になりません。インドのなかでもウイスキーづくりに適した環境といえるでしょう。

原料は、ヨーロッパのウイスキーに使われている二条大麦だけではなく、インド北部で栽培される六条大麦も使われます。熟成年数は最低でも4年以上とのこと。

アムルットのウイスキーはいずれもハイレベルで、モラセス原料のインディアンウイスキーとは一線を画しています。ウイスキーの世界的権威であり、『ウイスキーバイブル』の著者でもあるジム・マーレイ氏も絶賛しており、2010年に発行された著書で、「アムルット・フュージョン」に100点満点中97点という高得点をつけています。さらに、その味わいを「世界第3位のウイスキー」と讃《たた》えているほどです。

そのアムルットに続けとばかりに、2007年にはジョン・ディスィラリー社のポール・ジョン蒸留所も誕生しています。

ジョン・ディスィラリー社はもともと、バンガロールの地で「オリジナルチョイス」「バンガロールモルト」というモラセス原料のブレンデッドウイスキーをつくっていました。しかし、「世界に通用する本格的なシングルモルトをつくりたい」との思いから、ポール・ジョン蒸留所を新設します。

◎ポール・ジョン　ブリリアンス
バーボン樽で5～6年熟成したモルト原酒が使われている

原料となる大麦はすべて国産六条大麦。加えて、糖化槽や発酵槽、蒸留器もすべてインド産にこだわっています。

2019年に開催された日本初のウイスキー&スピリッツの品評会・東京ウイスキー&スピリッツコンペティション（TWSC）では、「ベスト・

ワールド・クラフトディスティラリー・オブ・ザ・イヤー2019」に輝いています。アムルットとポール・ジョンのウイスキーは日本にも正式輸入されています。飲んでみれば、インディアンウイスキーの実力に驚くことうけあいです。

◎業界の常識を打ち破った台湾産ウイスキー

すでにお話ししたように、これまでウイスキー業界では、ウイスキーの生産には冷涼な気候が欠かせないと考えられてきました。これには、寒冷地のほうが熟成がゆっくり進んでウイスキーがおいしくなるから、という理由に加えて、製造上の問題もあります。

発酵中は、雑菌が繁殖しないよう温度をコントロールしなければいけません。また、蒸留後には冷却しなければならず、これには15～16℃の冷たい水が大量に必要です。どちらも寒冷地であればそう難しいことではないでしょうが、暑い地域ではそうはいきません。こうした事情から、ウイスキーづくりは暑い地域では無理だと考えられてきたのです。

そんな常識を根本からくつがえし、ウイスキー業界に衝撃をもたらしたのが台湾のカバラン蒸留所でした。カバラン蒸留所は台湾北東部に位置する宜蘭《ぎらん》県にあります。台湾初の蒸留所として2005年にオープン。2006年3月に蒸留を開始しています。

台湾は亜熱帯気候です。２００8年にリリースされたカバラン初のシングルモルトを手にしたとき、正直、私はあまり期待していませんでした。台湾でおいしいウイスキーがつくれるはずがない。私だけでなく、ウイスキー関係者の多くがそう思っていたはずです。

しかし、そんな先入観はひと口飲んだ瞬間に吹き飛んでしまいました。華やかで香り高く、余韻《よいん》が長い。特に驚いたのが熟成感です。熟成年数がわずか2年にもかかわらず、そうとは思えないほどの熟成感がありました。スコットランドで開催されたブラインドテイスティングの会にこっそりカバランのウイスキーを混ぜたところ、スコッチを押しのけてカバランのウイスキーがトップを取ったというエピソードもあるほどです。

なぜ、台湾でこれほどおいしいウイスキーができるのか。その謎は、２０１2年にカバラン蒸留所を訪れた際に解けました。

まず、カバラン蒸留所は水に恵まれた場所にあります。蒸留所の背後には３０００m級の山々が連なり、そこに亜熱帯特有の激しい雨が降ります。山肌に浸み込んだ水はやがて伏流水となり平野部へ。蒸留所では深い井戸を掘り、この伏流水を汲み上げています。水温は15～17℃。亜熱帯にありながら、仕込み水も冷却水も無尽蔵に使えるというわけです。

ちなみに、蒸留所を所有する金車《きんしゃ》グループは台湾屈指の飲料メーカー。もともとは、この地でミネラルウォーターを製造していたといいます。水質はお墨つきといっていいでしょう。

◎カバラン ソリスト ヴィーニョ バリック カスクストレングス
ワイン樽で5年熟成させた原酒を加水せず樽詰めした逸品

さて、水に関する疑問はクリアになりましたが、熟成に関してはどうでしょうか。

熟成中に樽内のウイスキーが蒸発して減ることを、業界用語で「エンジェルズシェア」といいます。スコッチのエンジェルズシェアは年間2％ほどです。一方、カバランがある宜蘭県は夏には気温が42℃になることもあり、熟成庫内の温度はかなり上がります。そのため、エンジェルズシェアは17～18％になるとのこと。10年寝かせたら樽は空っぽになってしまいますが、その分、熟成はダイナミックに進みます。カバランをはじめて飲んだときに感じた圧倒的な熟成感は、台湾という土地だからこそ成し得たものだったのです。

一般に、スコッチの熟成がピークを迎えるのに15～30年かかります。対してカバランの原酒は5～6年で熟成がピークに達します。寒い環境でじっくりと時間をかけて円熟を迎えたウイスキーと、暑い地域でスピーディにピークに達したウイスキーとを、単純に比較することはできません。けれども、カバランのウイスキーが非常にすぐれていることは誰もが認めるところ。世界的な品評会で何度も受賞しているという事実が、それを証明しています。

現在、カバラン蒸留所やインドのアムルット蒸留所、ポール・ジョン蒸留所の快進撃に影響を受け、冷涼な環境下での熟成を見直す動きが出ています。スコットランドでは、熟成庫にヒーターを設置して暖かい環境での熟成を試みる蒸留所も誕生。遠い将来、「ウイスキーは暑い国でつくられたものに限る」なんていわれる日が、来ないとも限りません。

2020年7月、第2回東京ウイスキー&スピリッツコンペティション(TWSC)の「ベスト・オブ・ザ・ベスト」が発表されました。出品された国内外128本のシングルモルトのなかでナンバーワンのシングルモルトに贈られるこの賞を、カバラン蒸留所の「カバラン　ソリスト　ヴィーニョ　バリック　カスクストレングス」が受賞しています。

スコッチやジャパニーズを相手に堂々たる快挙です。カバラン蒸留所はこれからも、新興国および暑い国のウイスキー代表として、我々の常識をひっくり返すウイスキーを生み出してくれることでしょう。

◎世界の聖地イスラエルに蒸留所誕生

最後にもう一つ、今注目のウイスキー蒸留所をご紹介しましょう。2015年に操業を開始したミルク&ハニー蒸留所です。

イスラエルの人口第2位の都市であるテルアビブに建つミルク&ハニー蒸留所は、イスラエル初のウイスキー蒸留所。開設前には、ウイスキーのコンサルティングを数多く手がけてきた故ジム・スワン氏をはじめとする専門家にアドバイスやサポートを求めた、スコッチタイプの王道をいくモルトウイスキー蒸留所です。２０１７年にはイスラエル初のシングルモルトもリリースされました。

残念ながら私はまだ訪問も試飲もできていませんが、本格的なウイスキーに仕上がっているのではないかと予想しています。写真でしか見ていませんがビジターセンターは売店も併設し、さらにワークショップもやっているといいます。ユダヤ教の国ですから、当然原料はすべてオーガニック。コーシャ（ユダヤ教徒が食べてもよいとされる清浄な食品）にこだわっていることでしょう。

このほか、インドネシア、タイ、パキスタン、南アフリカなどにもすでにウイスキーの蒸留所が誕生しています。いずれは、「五大ウイスキー」が「六大ウイスキー」「七大ウイスキー」になるかもしれません。

ウイスキー新興国は今後も、ウイスキー界に新風を吹き込んでくれるでしょう。ウイスキーは今、その歴史上で最もおもしろい時代を迎えています。

第1章

日本人とウイスキー

日本で最初にウイスキーを飲んだのは誰か

ここからは日本のウイスキーの歴史をたどっていきましょう。日本のウイスキーの歴史を紐解くうえで、最初にぶつかる疑問があります。次の二点です。

・日本にはじめてウイスキーを持ち込んだのは誰か
・日本で最初にウイスキーを飲んだ日本人は誰か

そもそも日本にはじめてウイスキーを持ち込んだ人物として、これまで考えられてきたのがイギリス人の三浦按針《みうらあんじん》（本名ウィリアム・アダムス）でした。

三浦は、イギリス海軍に入って船長を務めたのち、軍を離れてオランダへ渡り、1598（慶長3）年、オランダの商船であるリーフデ号に乗船。リーフデ号は航海の途中で暴風に遭い、1600（慶長5）年、今の大分県に漂着しました。その後、三浦は徳川家康《とくがわいえやす》と会見。以降、三浦按針と名乗り、家康の外交顧問を務めました。

その三浦がウイスキーを日本に持ち込んで家康に献上。家康がウイスキーを飲んだ最初の日本人である――。これが長らくの定説となっていましたが、イギリスの歴史を考えれば、この説は誤りだろうと私は考えています。

序章のくり返しになりますが、イギリスは、イングランド、スコットランド、ウェールズ、北アイルランドの四つの地域で構成されています。スコットランドとイングランドが、同じ君主を戴《いただ》いて連合する「同君連合」となったのは1603（慶長8）年です。同君連合になる前も、なったあとも、二国はしばしば対立してきました。

先に三浦をイギリス人と書きましたが、正確にはイングランド人です。三浦がリーフデ号に乗船したのは1598年。スコットランドとイングランドが同君連合になる前です。三浦がイングランドに暮らしていた時期、すでにスコットランドではウイスキーがつくられていました。しかし、当時のイングランド人は、スコットランドの地酒にすぎなかったウイスキーを飲んだこともなければ、聞いたこともなかったでしょう。

したがって、三浦がわざわざスコットランドの酒をオランダに持ち込んで船に乗せ、さらには徳川家康に飲ませたとは到底考えられないのです。

三浦は日本に漂着した外国人です。では、その逆のパターン、つまり、漂流した日本人が海外でウイスキーを飲んだ、あるいは日本にウイスキーを持ち帰った可能性はどうでしょうか。

江戸時代に海外に行った日本人として有名なのは、大黒屋光太夫《だいこくやこうだゆう》と中浜万次郎《なかはままんじろう》（ジョン万次郎）です。伊勢国の商人だった大黒屋は、江戸への航行中に台風に遭い、7カ月余りの漂流の末にアリューシャン列島のアムチトカ島に漂着。その後、ロシアに10年間滞留し、1791（寛政3）年にエカチェリーナ2世に謁見《えっけん》しています。

一方の中浜は土佐の漁師の息子でした。1841（天保12）年、出漁中に遭難したところをアメリカ船に救われ、1843（天保14）年にアメリカのマサチューセッツ州に到着します。

大黒屋も中浜も10年ほど海外に滞在し、その後、日本に帰国しています。二人が海外滞在中にウイスキーを飲む機会があったかどうか。大黒屋はなかったはずです。

というのも、大黒屋がロシアにいた時期、スコットランドではウイスキーの密造が盛んに行なわれており、政府公認の蒸留所というものはありませんでした。アイルランドも似たような状況にありました。そんな状態で、スコットランドやアイルランドのウイスキーがロシアに出回っていたと考えるのは無理があります。その時代にロシアでウイスキーがつくられていたという話も聞いたことがありません。

また、中浜がアメリカに滞在していた当時、アメリカではすでにウイスキーがつくられていましたが、その主要な生産地はケンタッキー州やバージニア州で、万次郎が暮らしたマサチューセッツ州ではそのころウイスキーがつくられていたという記録はありません。加えて、マサチューセッツ州はイングランド出身のピューリタン（清教徒《せいきょうと》）が大勢移住した地域です。イングランド出身で、なおかつ道徳的戒律を重んじる彼ら彼女らがウイスキーをつくっていた可能性は低いといえるでしょう。

以上から、大黒屋光太夫あるいは中浜万次郎が、ロシアもしくはアメリカでウイスキーを飲み、それを日本に持ち帰ったという線はかなり薄そうです。両者とも手記を残していますが、ウイスキーに関する記述はありません。

ペリー率いる黒船がもたらしたもの

では、日本で最初にウイスキーが飲まれたのはいつなのか？　有力なのは、江戸時代末期の1853（嘉永6）年、黒船来航の際にウイスキーが持ち込まれ、このときはじめて、日本人がウイスキーを飲んだ、という説です。

1852（嘉永5）年11月、東インド艦隊司令長官ペリーは自身が建造にかかわった蒸気軍艦ミシシッピ号に乗り、アメリカのノーフォーク軍港を出発しました。日本に開国を迫るためです。翌1853年の5月、ペリー一行は琉球に到着し、琉球王朝から手厚いもてなしを受けます。その返礼として、ペリーは船上でパーティーを催し、琉球王国の高官・尚宏勲《シャンハンヒュン》らを招待。その船上パーティーでは西洋のあらゆるお酒や料理が供され、スコッチウイスキーやアメリカンウイスキーもあったと、『ペルリ提督日本遠征記』に記されています。

そして、その後琉球を出発したペリー一行は7月に浦賀《うらが》に入ります。このとき、ペリーとの交渉に当たった主要メンバーが中島三郎助《なかじまさぶろうすけ》、香山栄左衛門《かやまえいざえもん》、堀達之助《ほりたつのすけ》の三人です。中島と香山は幕府の役人、堀は通訳でした。

ペリー一行は三人を船に招いて西洋料理と飲み物を振る舞っています。飲み物のなかにはウイスキーもありました。ウイスキーを飲んだ三人の様子を、アメリカの記録官は次のように記しています。

ことのほか日本の役人はジョンバーリーコーンがお好きで、着物の懐《ふところ》にハムを詰め込み、酔っ払って真っ赤な顔で船から下りていった。

ジョンバーリーコーンはウイスキーの愛称で、西洋では当時よく使われた言葉です。どうやら三人は、ウイスキーをいたくお気に召したようです。

以上から、記録に残る限りでは、日本に最初にウイスキーを持ち込んだのはペリーとその一行、ウイスキーを最初に飲んだ日本人は、ペリー一行の接待にあずかった日本人たちということとになります。黒船が日本にもたらしたのは開国だけでなく、ウイスキーをはじめとする西洋の文化だったのです。

その後、ペリー一行はいったん上海、香港へ戻ります。そして1854（嘉永7）年、再び来航し、日米和親条約が締結されました。調印式は横浜で行なわれ、その様子が描かれた絵が今も残っています。そこにはウイスキーの樽がしっかりと描かれています。アメリカ側の記録によると、その樽は時の将軍・第十三代徳川家定《いえさだ》に献上されたとか。家定はウイスキーを飲んだのでしょうか。飲んでいたとしたら、ウイスキーを最初に飲んだ将軍は家定になりそうです。

日本人がはじめて飲んだウイスキーの正体を考察する

せっかくですからもう少し謎解きを続けましょう。ペリーが持ち込んだスコッチウイスキーとアメリカンウイスキーの銘柄について考察してみます。

まずはスコッチウイスキーから。現在、スコッチの消費量のおよそ9割をブレンデッドウイスキーが占めています。しかし、ペリーが持ち込んだのはブレンデッドではありません。

序章で触れたように、グレーンウイスキーとモルトウイスキーを混合したブレンデッドウイスキーが登場するのは1860年以降のこと。1852年にアメリカを出発したペリー一行がブレンデッドを船に積むのは不可能です。つまり、日本人に振る舞ったスコッチは、ブレンデッドが誕生する前に飲まれていたモルトウイスキーということになります。

◎ザ・グレンリベット12年
優美で芳醇な味はシングルモルト初心者にもおすすめ

さて、そのモルトウイスキーの銘柄はなんだったのでしょうか。文献がないため憶測になりますが、グレンリベットのウイスキーだった可能性が高いと、私は考えています。

私がそう考える理由は、ペリー一行の航路にあります。アメリカを出発したペリー一行がどのような航路で日本にたどり着いたのか、皆さんは考えたことがありますか。

彼らが出発したノーフォーク軍港はアメリカの東海岸にあります。私はてっきり、ノーフォーク軍港から南下して北アメリカ大陸と南アメリカ大陸の間にあるパナマ運河を通り、太平洋を横断して日本に来たものだと思っていました。

［図3］ペリーの浦賀来航までの航路

ミシシッピ号でノーフォク軍港から出港し、大西洋を横断したペリーは、上海でサスケハナ号に旗艦を移し、浦賀に来航した

ところが、実際はそうではありませんでした。パナマ運河の開通は1914年。ペリーたちは北アメリカ大陸と南アメリカ大陸の間を通ることができなかったのです。

また、南アメリカ大陸はそのころ発展途上で、南アメリカ大陸をぐるっと回って太平洋に出る航路を選んだ場合は、補給の心配がありました。つまり、ペリー一行は大西洋を横断するほかなかったのです。

ノーフォーク軍港を出た船団は大西洋を横断し、アフリカ大陸の西側を南下（このころはスエズ運河もありません）。途中、セントヘレナ島、ケープタウンなどに寄港しながらインド洋に出て、セイロン、シンガポール、香港、上海を経由して琉球にたどり着いています。

ペリー一行が、スコッチのモルトウイスキーをアメリカで積み込んだとは考えられません。当時の世界情勢や時代背景を踏まえると、そのころ、アメリカにスコッチのモルトウイスキーが出回っていた可能性は非常に低いからです。可能性があるとしたら香港でしょう。このころの香港にはヨーロッパの商社がたくさんありました。そのなかで最も規模が大きかったのがジャーディン・マセソン商会です。

スコットランド人のウィリアムズ・ジャーディンとジェームズ・マセソンが1832年に設立した同商会は、茶や生糸《きいと》の買いつけ、アヘンの密貿易などで大きな利益を出し、香港のほか、上海などアジアにも支店を展開していました。

ちなみに、長崎のグラバー邸でおなじみのトーマス・グラバーは、ジャーディン・マセソン商会の元従業員です。スコットランド出身のグラバーは、1859年に上海でジャーディン・マセソン商会に入社。同年9月に長崎に渡り、同商会の長崎代理店として「グラバー商会」を設立しました。

話を元に戻しましょう。二人のスコットランド人が興したジャーディン・マセソン商会は、当然、本国スコットランドから香港へとウイスキーを輸入していたはずです。そして、このころスコットランドでたいそう評判となっていたウイスキーがあります。それが、エディンバラの酒商アンドリュー・アッシャーがソロエージェントとなっていた〝スミスのグレンリベット〟、今のザ・グレンリベットです。スミスというのはグレンリベット蒸留所の創業者、ジョージ・スミスのことです。

当時、ブレンデッドウイスキーはまだ誕生していません。また、複数の原酒を混ぜて味を調整するという発想もありませんでした。スコットランドで長らく飲まれていたのは、今でいうところのシングルカスク（一つの樽の原酒だけを瓶詰めしたもの）でした。

ウイスキーは同じ年に蒸留され、樽詰めされたものであっても、樽ごとにウイスキーの風味が異なります。それがシングルカスクの魅力であり、現在、シングルカスクの商品はとても人気があります。しかし、当時の人たちにはそんな知識はありません。グレンリベット蒸留所のシングルカスクを販売していたアッシャーのもとには、「同じグレンリベットなのに、この前飲んだやつと味が違うじゃないか。これは一体どういうことだ」というクレームが少なからず届いていました。

そこで、アッシャーが考えついたのが、複数のモルト原酒を混ぜて品質を均一に保つ方法です。アッシャーが「アッシャーズ・オールド・ヴァッテッド・グレンリベットウイスキー」（ヴァッテッドは「混和する」という意味）、通称〝スミスのグレンリベット〟を1853年にリリースすると、味のばらつきがなくなり、さらに風味が増しておいしくなったとスコットランド中で人気となりました。

なお、〝スミスのグレンリベット〟にはグレーンウイスキーがブレンドされていません。また、当時、グレンリベットは複数の蒸留所を所有し、それぞれで原酒を製造していました。したがって、序章の製品分類でいえば、ブレンデッドモルトとなります。

ペリー一行が日本に持ち込んだスコッチは、おそらくこの〝スミスのグレンリベット〟ではないかというのが私の推測です。

ジャーディン・マセソン商会は現在も有力な国際商社として存続しており、同商会の過去の文書はケンブリッジ大学中央図書館に収蔵されています。これを調べたなら、私の推測が当たっているかどうかが明らかになるはずですが、残念ながら今のところ機会に恵まれません。どなたか調べるチャンスがありましたら、ぜひ、結果をお知らせいただければと思います。


次に、アメリカンウイスキーについてはどうでしょうか。

アメリカンウイスキーと聞いて真っ先に思い浮かぶのがバーボンです。バーボンは主にケンタッキー州とテネシー州でつくられていますが、当時の生産量はまだ少量でした。ペリーの船にバーボンが積み込まれた可能性はゼロに等しいでしょう。

他方、東海岸のバージニア州やメリーランド州では、我々が現在ライウイスキーと呼んでいるものにごく近い、ライを主原料としたウイスキーがつくられていました。ノーフォーク軍港はバージニア州にあります。ゆえに、アメリカンはバージニア州でつくられたライウイスキーだったのではないかと見ています。

あるいは、アメリカの独立戦争のとき、兵士がそれを飲んで暖を取ったというミクターズのウイスキーだったかもしれないですね。当時将軍だったジョージ・ワシントンが兵士に振る舞った酒で、〝独立のウイスキー〟として、長く親しまれてきました。軍関係者には人気の高いウイスキーで、海軍一家の出身であるペリーにとっても、なじみの酒だったかもしれません。

輸入洋酒と模造ウイスキーの時代

再び日本のウイスキーの歴史に戻りましょう。

日米和親条約の締結から4年後の1858（安政5）年、日米修好通商条約が締結され、すでに聞かれていた箱館のほか横浜、長崎、新潟、兵庫が開港されます。

なかでも横浜にはいち早く外国人居留地が設けられ、各国の商会や領事館なども置かれました。現在、シルク博物館が建っている場所には、先述のジャーディン・マセソン商会の日本支店、通称「英一番館」もありました。ほかにもさまざまな企業や商社が日本に進出。在留外国人向けに、ウイスキーをはじめとするアルコール飲料の輸入がはじまったのもこのころです。

1860（万延元）年には、現在の山下町70番地に日本初の洋風ホテル「横浜ホテル」が開業。ほどなくしてホテル内に日本初のバーもオープンしています。なお、このころバーでウイスキーを飲んでいたのはもっぱら在留外国人でした。

1868（明治元）年の明治維新以降は西洋文化が流入し、日本人の間でもウイスキーが飲まれるようになります。日本人向けにウイスキーがはじめて輸入されたのは1871（明治4）年。カルノー商会が輸入した「猫印ウイスキー」だったといわれています。

以前、私はこの猫印ウイスキーをスコッチではないか、と考えたことがあります。ラベルにスコットランド王室の紋章であるスタンディングライオン（立獅子）が描かれていて、それを当時の日本人が猫と見誤ったために「猫印」と呼ばれたのではないか――。そう推測したわけです。けれども、事実は今もって不明です。

『大日本洋酒缶詰沿革史』に、「1871年、カルノー商会が猫印ウイスキーを輸入した」という旨の記述があります。これが、「日本人向けにはじめて輸入されたウイスキーは猫印ウイスキーである」という説のもとになっているのですが、そもそも同書の史料的正確性には疑問が残ります。というのも、同書の刊行は1915（大正4）年であり、猫印ウイスキーが輸入された1871年とは40年以上の開きがあるからです。また同書が、当時カルノー商会が輸入していたウイスキーをなぜ「猫印」と呼んだのか、その根拠もわかりません。

なお、明治末から大正にかけて、〝猫印ウイスキー〟という商品が日本に輸入された事実はあります。こちらはアイリッシュウイスキーで、ダブリンに本拠を置くE・J・バークス社が販売したものです。近年、このバークス社の〝猫印ウイスキー〟こそが、カルノー商会が輸入した猫印ウイスキーではないかという説も浮上していますが、さて、どうでしょうか。

E・J・バークス社が販売したボトルはある時期、ラベル上部に猫の姿が描かれていました。しかし、その商標は1890年代に登場したものです。1871年にカルノー商会が輸入していたウイスキーが、バークス社のアイリッシュウイスキーだったという説は、やや根拠が乏しいような気がします。いずれにしろ、1871年にカルノー商会が輸入した猫印ウイスキーが何だったのかは、依然、謎のままなのです。

当時の国内におけるウイスキー事情について、こんな興味深い話を聞いたことがあります。1877（明治10）年、西郷隆盛《さいごうたかもり》率いる鹿児島士族が西南戦争を起こします。熊本民謡「田原坂《たばるざか》」で「雨は降る降る、人馬は濡《ぬ》れる、越すに越されぬ田原坂」と歌われているように、田原坂（熊本県熊本市）では激闘がくり広げられました。

このとき、官軍側がウイスキーを携行していたというのです。田原坂では今でも西南戦争で戦死した方の遺骨が出てくることがあるそうですが、まれに、ウイスキーを入れていた容器も見つかるとか。明治維新から10年経つころには、軍で支給されるほどウイスキーが広まっていたようです。

明治維新後、日本人が飲んだウイスキーは大きく二つに分けられます。一つは、スコッチ、アイリッシュ、アメリカンなどの輸入もののウイスキーです。もう一つは、薬種問屋がつくった模造ウイスキーです。主流は後者の模造ウイスキーでした。

1858年に日本とアメリカ合衆国の間で結ばれた日米修好通商条約は、一般に不平等条約といわれます。アメリカ側に領事裁判権を認め、日本に関税自主権がないなど、日本側に不利な内容だったからです。

この条約により関税が低く抑えられていたため、当時は外国産の醸造アルコールを非常に安く入手できました。醸造アルコールとは、食用に用いられるアルコールのこと。酒精、発酵アルコール、エタノール、醸造用アルコールとも呼ばれ、ジャガイモ、トウモロコシなどのデンプンを糖化、あるいは廃糖蜜を発酵、蒸留させてつくります。

そしてこの外国産の安い醸造アルコールに目をつけたのが、東京の神谷傳兵衛《かみやでんべえ》や大阪の小西《こにし》儀助《ぎすけ》商店といった各地の薬種問屋だったのです。

薬種問屋は、外国産の醸造アルコールに砂糖や香料などを加え、模造ウイスキーをつくって販売していました。

神谷傳兵衛の名前は、ワイン通ならご存じかもしれません。神谷は横浜にあったフレッレ商会という洋酒醸造所で働くうちに洋酒に興味を持ち、のちに茨城県に本格的なワイン醸造場

「牛久《うしく》醸造場」（現・牛久シャトー）を築きます。

一方の小西儀助商店（現・コニシ）は、１８５６（安政３）年創業の薬種問屋です。大阪の道《ど》修町《しょうまち》には、明治末期に建てられた小西家の住宅兼商店が今なお残っています。

この小西儀助商店に、１８９２（明治25）年、13歳の少年が丁稚《でっち》奉公にあがりました。鳥井《とりい》信治郎《しんじろう》です。７年後の１８９９（明治32）年、信治郎は独立して鳥井商店を創業。これがのちのサントリーとなります。

鳥井商店は、混成洋酒やブドウ酒の販売で成功を収め、１９０６（明治39）年に寿《ことぶき》屋《や》洋酒店に社名を変更。翌年に赤玉ポートワインをリリースします。

サントリー創業者　鳥井信治郎

ポートワインは、ポルトガルでつくられる酒精強化ワインです。ポートワインや赤ワインをベースに日本人に合うよう工夫した赤玉ポートワインは、当時としては贅沢《ぜいたく》品だったにもかかわらず大ヒットとなりました。

本格国産ウイスキーへの夢

鳥井信治郎が独立した年は、日米修好通商条約が撤廃された年でもあります。その2年後の1901（明治34）年に酒税法が改定され、それまで安く入手できていた外国産の醸造アルコールの価格が上昇。加えて、1902（明治35）年に日英同盟が締結されて以降、本場のスコッチの輸入が増加し、一般大衆の洋酒への関心が高まっていました。

こうした時勢をいち早く見抜き、国産醸造アルコールづくりに取り組む企業が登場。また、アルコール製造は火薬製造に必要な技術であることから、政府も国産アルコールの製造を奨励しました。

その結果、この時期に多数の醸造アルコールメーカーが誕生しています。なかでも、東京の神谷酒造と大阪の摂津《せっつ》酒造は、「東の神谷、西の摂津」と謳われるほどでした。

神谷酒造は、先述の神谷傳兵衛が創業した酒造所です。対して摂津酒造は、繊維《せんい》業で財を成した二代目阿部喜兵衛《あべきへえ》が興した酒造所です。どちらも自社製の醸造アルコールを使った合成酒がヒットし、1906（明治39）年には神谷酒造が、1911（明治44）年には摂津酒造がウイスキーの製造を開始しています。同じく1911年に鳥井信治郎はヘルメスウ井スキーを売り出し、大きな成功を収めました。

なお、神谷酒造、摂津酒造、鳥井商店がこの時期つくっていたウイスキーは、いずれも国産の醸造アルコールに甘味料や着色料を加えた模造ウイスキーでした。醸造アルコールが主体という点ではかつて薬種問屋たちがつくっていた模造ウイスキーと同じですが、同じ醸造アルコールでも国産のほうが味はよかったのでしょう。国産模造ウイスキーはそれなりに売れたようです。

さらにいうと、鳥井商店の赤玉ポートワインもヘルメスウイスキーも、実際に製造していたのは摂津酒造です。今でいうＯＥＭ製造の手法を信治郎は採用していました。実質的な製造は醸造アルコールメーカーに委託し、洋酒メーカーは販売に注力する。多くのメーカーがこのやり方を採用していたのです。

しかし、摂津酒造の阿部も、鳥井商店の鳥井も、いずれは本格国産ウイスキーを世に送り出したいという夢を持っていました。折しも、1915（大正4）年から1920（大正9）年にかけて、国内では第一次世界大戦の影響による好景気が起きていたこともあり、その恩恵にあずかった両社には、本格ウイスキーの製造に乗り出す資金的な余裕がありました。

ニッカウヰスキー創業者 竹鶴政孝

先に動いたのは阿部です。阿部は1918（大正7）年、当時、技師として勤めていた竹鶴《たけつる》政孝《まさたか》をスコットランド留学に送り出します。阿部は政孝に、「今のウイスキーは売れているが、いつまでもイミテーションの時代ではない。品質にも限界がある。英国に留学して技術を習得してほしい」といったとか。

この竹鶴政孝は、2014（平成26）年から2015（平成27）年にかけて放送されたNHKの朝の連続テレビ小説『マッサン』のなかで、主人公・亀山政春のモデルとなった人物です。

政孝は、広島県の賀茂《かも》郡《ぐん》竹原町《たけはらちょう》（現・竹原市）で代々酒づくりを営む竹鶴家の分家の三男として生まれました。大阪高等工業学校（現・大阪大学）の醸造科を卒業した政孝は、同校の一期生であり、摂津酒造に勤めていた岩井《いわい》喜一郎《きいちろう》を頼って摂津酒造に入社します。1916（大正5）年のことでした。

ちなみに、岩井は帝国陸軍の軍需工場で醸造アルコールの研究に従事した経験を持つ、醸造アルコール製造のエキスパートです。軍需工場を辞めて摂津酒造に入社した岩井は、当時としては最新鋭の岩井式連続式蒸留機を完成させています。

岩井のもと、政孝は鳥井商店の赤玉ポートワインやヘルメスウイスキーの調合を任されていたといいます。政孝は腕のいい技師だったのでしょう。その才能を見抜いたからこそ、阿部と岩井は政孝をスコットランドへと留学させたわけですが、政孝に白羽の矢が立ったのには別の理由もありました。後継ぎとなる男児がいなかった阿部は、政孝と長女のマキとを結婚させて、ゆくゆくは摂津酒造を継いでもらおうと目論《もくろ》んでいたのです。

竹鶴政孝がスコットランド留学で得たもの

1918（大正7）年7月、政孝は神戸港を出発しました。イギリスのリバプールの港に到着したのは、その年の12月のはじめ。5カ月もかかったのは、途中、サンフランシスコなどに立ち寄ってワインづくりを学んでいたのに加えて、第一次世界大戦が終結したばかりで民間船の運行の再開に時間がかかったためです。

リバプールからグラスゴーへと移った政孝は、グラスゴー大学や王立工科大学で化学のコースを受講しながら、ウイスキーづくりを学ぶチャンスをうかがっていました。そんなある日、政孝は大学で知り合ったイザベラ・リリアン・カウン、通称エラに誘われ、彼女の実家へ遊びに行きます。これがきっかけで、政孝はカウン家に下宿することになります。

カウン家の大きな屋敷に下宿しながら、政孝はJ・A・ネルトン著『The Manufacture of Whisky and Plain Spirits』（ウイスキーとスピリッツの製造法）の翻訳作業に着手。ウイスキーの製造を克明に記した専門書の翻訳をとおして、ウイスキーづくりの知識を深めていきました。

とはいえ、座学だけでは留学の目的は果たせません。1919（大正8）年4月、政孝はネルトンに直接教えを請《こ》うべくグラスゴーからエルギンに向かいますが、ネルトンには相手にされませんでした。

代わりに訪ねたスペイサイド地方のロングモーン蒸留所で、無給を条件に1週間の実習の機会を得ます。さらに6月には、当時はグレーンウイスキー専門の蒸留所となっていたボーネス蒸留所へ通い、3週間にわたって連続式蒸留機の操作などを学びました。その後はフランスやドイツへ渡り、ワインづくりの研修を受けています。

1920（大正9）年には、政孝はキャンベルタウンにあるヘーゼルバーン蒸留所で三度目の実習に臨んでいます。期間は約3カ月。そこで見聞きした製造工程のすべてを、政孝は2冊の大学ノートにつぶさにまとめています。表紙に「実習報告1、2」と書かれたそのノートは通称『竹鶴ノート』と呼ばれ、その後の国産ウイスキーの大きな礎《いしずえ》となりました。

こうして政孝はウイスキーの製造に必要な知識と技術を得たわけですが、もう一つ、重要なものを手にしています。人生の伴侶《はんりょ》です。政孝が下宿していたカウン家には4人の子どもがいました。長女がジェシー・ロバータ・カウン、通称リタ、次女がエラ、三女がルーシー、末っ子は男の子でラムゼイです。政孝が恋に落ちたのは長女のリタでした。

政孝はウイスキーづくりを学ぶかたわら、リタとの仲を深めていきました。そして、ヘーゼルバーン蒸留所での実習に備えてキャンベルタウンに出発する前、二人はグラスゴーの登記所で結婚証明書にサインしたのです。二人が出会ってからわずか1年ほど。なかなかのスピード結婚です。政孝は自著『ヒゲと勲章』で、なれそめについて「リタはきれいで優しい女だった。彼女に私がほれたんだ」と書いています。キャンベルタウンで政孝は新居を構え、リタとともに新婚生活を送りました。

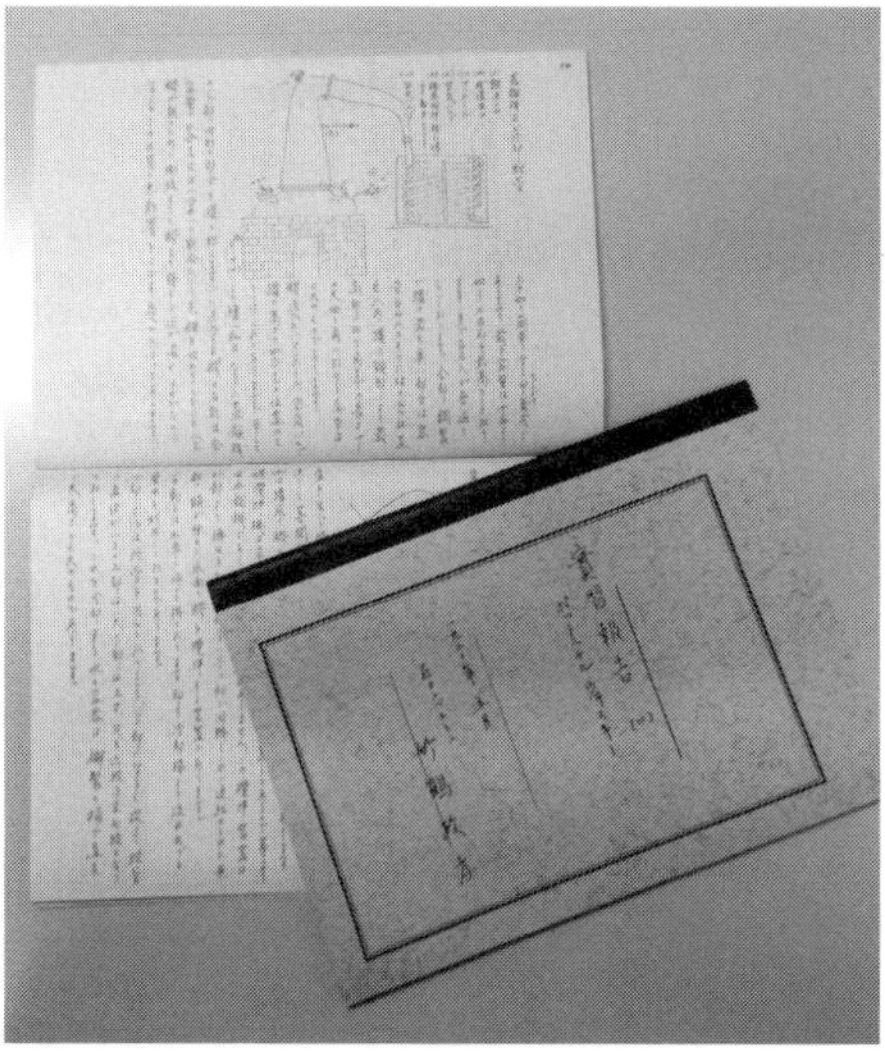

政孝が実習報告をまとめた通称『竹鶴ノート』。2014年には創業80周年を記念して、レプリカが製作された

とはいえ、二人の結婚に、リタの家

竹鶴政孝の妻・リタ

族も政孝の家族も大反対でした。国際結婚に抵抗が強かった時代ですから無理もありません。

　そしてもう一人、この結婚に仰天した人物がいます。摂津酒造の阿部喜兵衛です。娘と結婚させて婿《むこ》養子とし、やがては摂津酒造を継いでもらいたい。そんな思いで社費で留学に出した政孝が、なんと現地で結婚してしまったのですから、まさに青天《せいてん》の霹靂《へきれき》だったでしょう。

　知らせを聞いた阿部は、すぐさまスコットランドの二人のもとに駆けつけています。政孝がスコットランドに残るにせよ、リタが日本に来るにせよ、苦労するのは目に見えています。阿部は政孝に、単身日本へ戻るよう説得するつもりだったのではないでしょうか。しかし、二人の決意は揺るぎません。日本で本格ウイスキーをつくるという政孝の夢を支えるため、リタは日本への移住を決めていたのです。

　そんな二人の様子に説得は無理だと思ったのか、1920年、喜兵衛は政孝、リタとともに日本に帰国。二人の日本での生活がスタートします。

　ところで、政孝の留学にかかった費用はどれくらいだったのでしょうか。今の価値に換算すると数千万円は下らないはずです。自分の娘と結婚させて会社を継がせるつもりだったからこそ投資したのに、当の本人は別の女性と結婚してしまった。阿部も内心思うところがあったはずです。それにもかかわらず、結局は二人を認めたのですから、阿部はかなり器の大きな人だったに違いありません。阿部は二人の新居を探す手伝いもしています。

竹鶴政孝アナザーストーリー

帰国後の政孝は、紆余曲折《うよきょくせつ》を経て、鳥井信治郎とともに本格国産ウイスキーづくりに着手します。それに至る経緯を語る前に、政孝にまつわるエピソードを二つご紹介しましょう。

すでにお話ししたように、政孝はヘーゼルバーン蒸留所で学んだことを『竹鶴ノート』にまとめていました。手描きのイラストや、竹鶴自らが撮影した写真とともに綴《つづ》られたそのノートには、大麦の製麦《せいばく》方法、キルン（麦芽乾燥塔）の構造、糖化・発酵、蒸留に至るまでの工程が克明に記録されています。

竹鶴ノートは日本のウイスキーづくりの原点となりました。日本のウイスキー業界にとって宝です。そして、これはスコットランドにとっても同様です。今から100年前のスコッチの製法がこれほど詳細に記された記録は、本国スコットランドにも存在しません。竹鶴ノートは、スコッチの歴史の貴重な証言者でもあるのです。

１９６０年代、来日した元イギリス首相のヒューム卿は、ユーモアと親愛の情を込めて竹鶴ノートについてこう述べています。

「頭のよい日本の青年が、１本の万年筆とノートでわが国の重要な産業であるウイスキーづくりの秘密を盗んでいった」

さらに、竹鶴ノートには政孝の働き方に関する考え方が書かれたページもあり、そこには次のような記述があります。

要するに一般社員も出来る限り仕事の迅速をはかり、より以上一日の効率をはかり退出時間が来たら遠慮なく家に帰り家庭をもつものは皆々揃《そろ》って楽しい夕べを過ごすと云うようになって欲しいと思います。これは単に人生を有意味に暮らすという事のみならず、凡《およ》そ人として踏むべき道ではありませんでしょうか。

私を含め、耳が痛い方も多いはず。政孝はとても進歩的な人だったのです。

さて、政孝の足跡は自著、あるいは、政孝の甥《おい》でのちに養子となって二代目社長を務めた竹鶴威《たけし》の回顧録などで知ることができます。それらの文献を読みながら、一つ気になることがありました。阿部喜兵衛が政孝と結婚させようと思っていた、娘のマキさんのその後です。

ドラマ『マッサン』では、マキさんをモデルとした田中優子役を女優の相武紗季《あいぶさき》が、マッサンこと亀山政春を俳優の玉山鉄二《たまやまてつじ》が演じました。父に引き合わされたマッサンをいたく気に入った優子は、スコットランドに留学したマッサンを待ち続けます。しかし、帰国したマッサンの隣にはスコットランドで結婚した妻がいた――。婚約者だと思っていたマッサンに裏切られた優子は、その後、さまざまな意地悪で二人を困らせます。

マキさんが政孝とリタに意地悪するようなことは実際にはなかったと思いますが、結婚相手候補が外国人の妻をともなって帰国したら、多少なりとも複雑な気持ちになったのではないでしょうか。それからマキさんがどのような人生を送ったのかは、政孝や威の著書には書かれていません。しかし、『マッサン』放送中の2014（平成26）年暮れ、ひょんなことからマキさんの息子さんにお目にかかってお話をうかがう機会がありました。

阿部家では代々、後継ぎが喜兵衛を名乗ったそうです。マキさんの父親で政孝をスコットランドに送り出したのは二代目阿部喜兵衛、私がお会いしたのは四代目でした。四代目によると、マキさんは1922（大正11）年に結婚しています。政孝が帰国した2年後です。お相手は、京都帝国大学（現・京都大学）を卒業し、山下汽船（現・商船三井）に就職していたといいますから、相当なエリートです。マキさんの夫となった男性は二代目と養子縁組をしたのち摂津酒造に入社。その後、三代目を名乗ります。結婚後、マキさんは四人のお子さんに恵まれました。

私はこの話を四代目から聞いて、「マキさんも幸せになったんですね。よかったですね」と心から思ったのですが、幸せな結婚生活は長くは続きませんでした。末っ子の出産後に体調を崩したマキさんは、28歳という若さで逝去《せいきょ》してしまったのです。このとき四代目は3歳でした。

妻を失い、乳幼児四人を抱えた三代目は途方に暮れたに違いありません。養嗣子《ようしし》ゆえに、他家から後添えを娶《めと》ることもかないません。一家で何度も話し合いがもたれたはずです。最終的には、三代目はマキさんの妹の敏子《としこ》さんと再婚しています。妻に先立たれた夫が妻の姉妹と再婚することは、当時の旧家ではそれほど珍しい話ではありませんでした。

その後、三代目と敏子さんは二人の子を授かります。しかし、「母・敏子の私たちへの愛情は少しも変わりませんでした」と四代目は話してくれました。四代目は敏子さんを生みの親と信じて疑わず、徴兵検査を受けた際、戸籍謄本《とうほん》を見た係員に指摘されてはじめて、生みの親が別にいることを知ったそうです。

四代目はもう一つ、おもしろい話を教えてくれました。政孝は帰国後、摂津酒造を辞めていますが、二代目と政孝の交流はその後も続いたのだそうです。「母・敏子と私と弟妹たちは政孝おじさんに招待されて、当時おじさんが住んでいた北海道に遊びに行ったことがあるんです。政孝おじさんもリタおばさんも、私たちをたいそう歓迎してくれました」と四代目。政孝は摂津酒造を離れたあとも、二代目への恩義を忘れずにいたのでしょう。

ジャパニーズウイスキーの歴史には、さまざまな人間ドラマがあります。これもまた、ウイスキーの魅力の一つかもしれません。

ジャパニーズウイスキーの夜明け

ウイスキーづくりを夢見て竹鶴政孝を留学に出した摂津酒造でしたが、結局、本格ウイスキーをつくることはありませんでした。1918（大正7）年に第一次世界大戦が終わり、戦争特需によって引き起こされた好景気が衰退。二代目阿部喜兵衛は、巨額の投資を必要とするウイスキーづくりを断念します。

結果、政孝は1922（大正11）年に摂津酒造を辞めています。退職後、政孝とリタは大阪の帝塚山《てづかやま》で暮らし、政孝は桃山中学（現・桃山学院高等学校）で化学を、リタは裕福な家庭の子弟に英語やピアノを教えながら生計を立てていました。そんな生活が1年ほど続いたころ、二人のもとに寿屋の鳥井信治郎が訪れます。

信治郎は、摂津酒造の阿部同様に、本格ウイスキーづくりを志していました。しかし、国内にはウイスキーづくりを任せられる人材がいません。そこで、スコットランドから技師を招聘《しようへい》しようとつてをたどっていました。そんなとき、「スコットランドでウイスキーづくりを学んだ日本人がいる」との情報が耳に入ります。

摂津酒造に勤めていたころ、政孝は鳥井商店の赤玉ポートワインやヘルメスウイスキーの調合を任されていたといいます。この時期すでに信治郎と政孝は面識があったはずです。その政孝が本場スコットランドでウイスキーづくりを学んで帰国し、さらには摂津酒造を辞めていると聞いて、信治郎はすぐさま政孝をスカウトしたのでした。

１９２３（大正12）年、政孝は寿屋に入社します。このとき政孝は29歳、信治郎は44歳。契約期間は10年で、信治郎が政孝に提示した年俸は４０００円でした。これは、当時の日本の大臣クラスの報酬に匹敵する金額だったといわれています。

信治郎と政孝は、ともに「日本のウイスキーの父」と呼ばれています。しかし、二人の気質は正反対でした。丁稚奉公で鍛《きた》えられ弱冠20歳で独立し、赤玉ポートワインなど数々のヒット商品を送り出してきた信治郎は、天性の商売人。対して、酒づくりを営む竹鶴家の分家に生まれ、大学で醸造学を学び、スコットランドで本場のウイスキーづくりを見てきた政孝は、根っからの職人気質。ぶつかることも多かったようです。

ウイスキー蒸留所の建設候補地についても二人はもめています。政孝はスコットランドに近

サントリー山崎蒸溜所。1923年の開設以来、日本を代表する名ウイスキーがここの原酒をもとに生み出されている

い気候風土であるという理由で、北海道を推していました。しかし、信治郎は真っ向から反対。「消費地に近い場所に建てるべき」と譲りませんでした。最終的には政孝が折れる形となり、全国各地を調査した末に選んだのが、現在、サントリー山崎蒸溜所が建つ山崎の地です。

　京都と大阪の境に位置する山崎は、北に天《てん》王山《のうざん》系の山々がそびえ、古くは千利休《せんのりきゅう》が茶を点《た》てたという名水が湧く、自然豊かなエリア。さらには、蒸留所の近くで宇治川《うじがわ》、桂川《かつらがわ》、木《き》津川《づがわ》という三つの河川が合流し、年間を通じて深い霧が立ちます。名水と湿潤な気候を兼ね備える山崎は、ウイスキーづくりに最適な場所でした。

　山崎蒸溜所の建設は１９２３年にはじまり、翌１９２４（大正13）年に竣工。その年の暮れからウイスキーづくりがスタートしています。原料となる大麦麦芽は、国産の大麦を蒸留所内で発芽させ、スコットランドから輸入したピートを焚いて乾燥させていました。蒸留器は、政孝が実習したロングモーン蒸留所の蒸留器によく似た形のものを2基設置。山崎蒸留所では、スコッチの伝統的なスタイルでウイスキーづくりが行なわれました。

山崎蒸溜所の開設に、当時の金額でおよそ200万円かかったといわれています。現在の貨幣価値に直すと20億円ぐらいにはなるでしょうか。ご存じのとおり、ウイスキーは蒸留したからといってすぐに売りに出せるわけではありません。熟成期間が必要です。山崎蒸溜所には牛車が列をなして原料の大麦が搬入され、キルン（原料の大麦麦芽を、熱風で乾燥させる設備）からは煙がもうもうと吐き出されているのに、何年経っても製品が世に出ない――。山崎蒸溜所の周辺の人々はその様子を見てこう噂《うわさ》し合ったといいます。「あそこにはウスケという、大麦ばかりを食う化け物が棲《す》んでいる」。人々がウスケと呼んだウイスキーはまた、寿屋の利益をことごとく食い潰す化け物でもありました。

なお、竹鶴政孝が寿屋に入社し、山崎蒸溜所の建設がはじまった1923年は日本のウイスキー元年といわれています。2023年、ジャパニーズウイスキーは100周年という節目の年を迎えます。

社運を賭けた「白札」はなぜ失敗したのか

1929（昭和4）年、莫大な資金をつぎ込み、本場スコットランドさながらの製法でつくられたウイスキー「サントリー」がついにリリースされました。

サントリーという名前は、寿屋のヒット商品である赤玉ポートワインの赤玉を太陽に見立てた「サン」と、信治郎の名字「トリイ」を結びあわせた造語です。

国産第1号の寿屋のウイスキーは丸瓶に白いラベルが貼られていたことから、通称「白札」と呼ばれました。

醒めよ人！
舶來盲信の時代は去れり
醉はずや人
吾に國産
至高の美酒
サントリーウヰスキー。
はあり！
SUNTORY
WHISKY
白札の広告

上の画像に見える広告のなかの文言は、発売時の白札のキャッチコピーです。価格は4円50銭。当時の一般家庭の生活費の1割に相当し、そのころ日本でよく知られていたスコッチの銘柄にも劣らない高価格でした。舶来品ではなく、国産の本物のウイスキーを味わってほしい。鳥井信治郎と竹鶴政孝の熱い想いと、製品への自信がうかがえます。

しかし、二人の想いをよそに白札はまったく売れませんでした。それどころか「焦げくさくて飲めない」と散々な評価でした。昭和初期、ウイスキーは上流階級のみが味わえる高級品であり、一般大衆にとっては縁遠いものでした。本物志向があだになってしまったのです。


……というのが、白札が失敗した理由の通説となっていますが、問題はほかにもあったと私は考えています。焦げくさくて飲めなかったのは、おそらく、麦芽を乾燥させる際にピートを焚いたからでしょう。加えて、麦芽の挽《ひ》き分けや発酵にも問題があったのではないでしょうか。

『竹鶴ノート』を見ると、麦芽の挽き分けについての記述がありません。ウイスキーの製造で用いられる大麦麦芽は、糖化の前にローラーミルという機械で粉砕するのですが、この際、ただ粉砕するのではなく、ハスク（殻）、グリッツ（粗挽き）、フラワー（粉）の比率が通常2：7：1となるよう挽き分けます（殻であるハスクを取り除かず2割残すのは、麦汁を濾《こ》す際に糖化槽の底部にたまって天然のろ過材《かざい》となるからです）。

この挽き分けがしっかりできていれば、麦汁はハスクの層を通ることでろ過されて澄んだ状態になり、フルーティーな香りや風味を得られます。しかし、うまくろ過されず濁《にご》った麦汁では、エステルという成分の生成が阻害され、フルーティーな香味は乏しくなるのです。

ちなみに、竹鶴ノートには酵母についての言及もほとんどありません。どんな酵母を用いて発酵させるかによっても、その後のウイスキーの仕上がりは変わってきます。それにもかかわらずほとんど触れていないのは、発酵に関しては相当な自信があったからでしょう。酒屋の分家に生まれ、醸造科で学んだ政孝はいわば発酵に関してはプロ。竹鶴ノートには、「発酵に関しては新たな知見はない」といった主旨の記述があります。

そんな発酵のプロであっても、発酵を成功させるには、麦芽を適切に挽き分けて澄んだ麦汁を取ることが大切だとは知らなかったようです。

さて、蒸留したばかりのウイスキーをニューポットといいます。熟成前なので味も香りもかすかで、一般の方が飲んだら「アルコール度数が高いだけの粗い液体」と感じるでしょう。しかし、熟練のウイスキー技師や評論家であれば、ニューポットのかすかな味や香りから、熟成後にいいウイスキーになるかどうかを予測することが可能です。

政孝は、山崎蒸溜所のニューポットをスコットランドのウイスキー関係者に試飲してもらっています。その関係者は「概《おおむ》ねよし」とのお墨つきを与えていますが、それはお世辞にすぎず、実際には飲めた代物ではなかったと私は見ています。適切に挽き分けられないままつくられたニューポットが、「概ねよし」になる可能性はきわめて低いからです。

山崎蒸溜所では1924（大正13）年の暮れから製造が開始され、1925（大正14）年に最初のニューポットが樽詰めされています。おそらく、製造開始から半年くらいの間にかけてつくられた原酒の大半は、おいしいとはいえない仕上がりだったのではないでしょうか。政孝が挽き分けの重要性に気づき、澄んだ麦汁が取れるようになったのは1926(昭和元)年以降でしょう。

資金に余裕があれば、1926年以降に樽詰めした原酒を3年以上しっかりと寝かせ、それらをメインに使った白札をリリースすることもできました。しかし、現実にはそんな余裕はなく、白札は1929年に発売されています。中身は、熟成年数2～3年ほどの若い原酒がメイン。しかもその多くは、ピートを焚きすぎてかなりスモーキーなものでした。スモーキーなウイスキーを飲み慣れた現代人が飲んでも、当時の人々と同じような評価を下したのではないでしょうか。

ピートを焚きすぎていたこと。そして、麦芽の挽き分けが適切でなく、澄んだ麦汁が取れていなかったこと。以上が、威信を賭《か》けてリリースした白札が大失敗に終わった理由だと私は推測しています。

もちろん、以上はあくまで私の想像です。山崎蒸溜所には、1925年に樽詰めされた第1号の原酒が今も残っています。中身を飲むことができたなら、推測が当たっているかどうかがわかるかもしれません。

国産ウイスキーの二人の父、訣別の舞台裏

当時の大臣クラスの年俸で雇われた政孝が、会社の利益をつぎ込んでつくった白札はさっぱり売れませんでした。これにより、政孝は非常に苦しい立場に追いやられます。

白札が発売された1929（昭和4）年、政孝は山崎蒸溜所の所長と兼任という形で横浜のビール工場の立て直しを命じられ、横浜に転居。不承不承ではありながら、見事にその期待に応えます。

ところが、ビール工場を拡大している最中の1933（昭和8）年、鳥井信治郎は突然ビール工場の売却を発表。これが、政孝が寿屋退職を決めるきっかけになったといわれています。

折しも、契約期間の10年が終わろうとしていました。この年は政孝にとっては不惑《ふわく》の年でもあります。独立する最後の好機と考えてのことかもしれません。

政孝の自著『ウイスキーと私』に次のような文章があります。

鳥井さんなしには民間人の力でウイスキーが育たなかっただろうと思う。そしてまた鳥

井さんなしには私のウイスキー人生も考えられないことはいうまでもない。

鳥井信治郎と竹鶴政孝。この二人が出会っていなければ、日本初の国産ウイスキーの誕生はもっと遅かったでしょう。今に続く日本のウイスキーの歴史も、違っていたかもしれません。その一方で、山崎蒸溜所の建設地を決める際に意見が対立したように、ぶつかることも少なくありませんでした。信治郎は根っからの商人、企業家です。本格的なウイスキーを日本に広げるという理念を抱えながらも、経営者として利益を優先せざるを得ない側面もありました。職人気質で品質第一、時に採算は二の次になりがちな15歳年下の政孝を、わずらわしく感じるときもあったのではないでしょうか。

加えて、信治郎は政孝にコンプレックスがあったのではないかと私は感じています。信治郎は13歳で丁稚奉公に上がっています。かたや政孝は大学を卒業し、スコットランド留学の経験もあります。当然、英語はペラペラです。学歴と語学力だけを比べれば、政孝がはるかに上です。山崎蒸溜所にさる皇室の方が訪問されたとき、本来であれば社長の信治郎が案内すべきところを、政孝に一任したという逸話があります。これを政孝への劣等感の表われとするのは、少々うがちすぎでしょうか。

ただ、二人の間になんらかの確執があったにせよ、なかったにせよ、信治郎が政孝の酒づくりの知識と技術に絶大な信頼を寄せていたことは疑いようがありません。その何よりの証拠に、

ニッカウヰスキー余市蒸溜所。重厚で力強いモルト原酒をもとに、日本を代表する名ウイスキーを生み出している

信治郎は、長男であり後継者である吉《よし》太郎《たろう》を政孝・リタ夫妻に預けていました。ウイスキーの製造に必要な知識を政孝から、英語およびヨーロッパの文化やマナーをリタから学んでほしい。そう願って、愛息を託したのです。吉太郎が欧米に業界視察に出かけた折には、政孝とリタが同行しています。

ビール工場の売却が発表された翌年の1934（昭和9）年3月、政孝は10年勤めた寿屋を退職。同年7月に大日本果汁株式会社を設立しました。そして、新蒸留所建設への出資者を大阪で募り、実業家でのちにアサヒビールの初代会長となる山本《やまもと》爲《ため》三郎《さぶろう》や、今も大阪に残る歴史的建造物「芝川ビルディング」を建てた芝川《しばかわ》又《また》四郎《しろう》らから出資を取りつけます。しかしながら、集まった出資金はわずかに10万円。山崎蒸溜所の設立資金2００万円の20分の1でした。

政孝は自分の蒸留所の建設地に、北海道の余市町《よいちちょう》を選びました。気候は冷涼で湿潤、さらには樽材となるミズナラの林を有し、大麦畑やピート湿原まであるこの地は、政孝が思い描くウイスキーづくりの理想郷そのものだったのです。

ところで、「ウイスキーの会社なのになぜ『果汁』なのだろう」と思われた方もいるかもしれません。これにはれっきとした理由があります。10万円の出資金だけでは、ウイスキーづくりに必要なすべての設備を用意することはできません。そこで政孝は、まずは余市の名産品であるリンゴの果汁を用いた製品をつくり、その利益で設備をそろえる算段をしました。ゆえに、会社名を大日本果汁としたのです。余市蒸溜所の開設は１９３４年。事業計画どおり政孝はリンゴジュースの製造販売に精を出し、その2年後にようやくウイスキーづくりをスタートしています。

太平洋戦争とジャパニーズウイスキー

国産本格ウイスキー第1号は、1929（昭和4）年に寿屋からリリースされた、通称「白札」でした。では、第2号はどこから発売されたでしょうか。鳥井信治郎の寿屋から？　あるいは竹鶴政孝の大日本果汁から？　実は、どちらも不正解です。国産第2号とされているのは、東京醸造が販売した「トミーウヰスキー」です。

東京醸造は1924（大正13）年、神奈川県藤沢市で創業し、はじめはリキュールを製造していました。その後、藤沢の工場で本格ウイスキーの製造を開始。1937（昭和12）年より、明治屋を通してトミーウヰスキーを販売しています。東京醸造は戦前、寿屋、大日本果汁とともに三大ウイスキーメーカーとしての地位を確立しますが、1955（昭和30）年に倒産。トミーウヰスキーに関する情報は少なく、幻《まぼろし》のウイスキーといえるかもしれません。なお、戦前にはほかにも、国内には小規模なウイスキー蒸留所がいくつかありました。

トミーウヰスキーが発売された1937年には、寿屋も12年物の「サントリーウ井スキー」、

◎ニッカウ井スキー Rare Old
ニッカの第1号ウイスキー。本場そのままの本格醸造を売りとして発売された

◎サントリー角瓶
発売当時のボトル。瓶の形から「角瓶」と呼ばれ、のちに正式名称も「サントリー角瓶」と改められた

通称「角瓶」をリリースしています。政孝が退職したのち、信治郎が自ら山崎蒸溜所の原酒をブレンド。「これこそが日本人の繊細な味覚に合った豊かな香味だ」と世に送り出した自信作です。信治郎の確信は見事に的中し、角瓶のトレードマークともいえる亀甲紋様のボトルは今なお人々に愛されるロングセラーとなりました。

国産ウイスキーが登場する一方で、日中戦争の発端となる盧溝橋《ろこうきょう》事件が発生。また、日本がドイツ、イタリアと日独伊三国防共協定を締結するなど、日本は徐々に戦時体制に入っていきました。そしてついに、1939（昭和14）年、第二次世界大戦が勃発します。

大日本果汁はその翌年、「ニッカウ井スキーRare Old」を発売しました。大日本果汁初のウイスキーです。寿屋を辞めて大日本果汁を設立してから6年、余市蒸溜所でウイスキーづくりをはじめてから4年。政孝はこの日をどれほど待ち望んだことでしょう。なお、商品名の「ニッカ」は、社名の「日」と「果」の2文字から取られています。

さらに1941（昭和16）年12月8日には、日本軍がハワイの真珠湾《しんじゅわん》などを奇襲。これにより太平洋戦争が開戦となります。

しかしながら、戦中も寿屋と大日本果汁のウイスキー製造は続きました。というのも、当時の日本海軍はイギリス式で、海軍兵士の間ではウイスキーを飲む習慣が定着していたために、山崎蒸溜所、余市蒸溜所ともに海軍の指定工場となったからです。

もちろん、軍の指定工場になれば制約や負担が増え、それまでのように自由な製造はできなくなります。しかし一方で、国から原料の供給を優先的に受けることができました。さらに、製品はつくったそばから買い上げてもらえるため、宣伝や販路を気にせずに済んだのです。輸入ウイスキーの供給がストップしたため、寿屋と大日本果汁のウイスキーは次第に陸軍でも飲まれるようになります。

そして迎えた1945（昭和20）年8月の終戦の日、空襲とは無縁だった余市蒸溜所には、戦中に仕込み続けた原酒がそのまま残りました。また、寿屋は大阪本社や大阪工場こそ空襲で失いましたが、山崎蒸溜所とウイスキー原酒は無傷でした。

寿屋は、終戦からわずか8カ月で「トリスウ井スキー」を発売しています。実はこのトリスは二代目で、初代は1919（大正8）年に販売されています。ただし、初代と二代目の中身はまったくの別物です。初代トリスはグレーンアルコールをワイン樽のなかで熟成させたもの。保管したまま忘れていたものを偶然見つけて飲んでみたらおいしくなっていたため、トリスウイスキーとして販売されたという経緯があります。

二代目トリスは、山崎蒸溜所のモルト原酒を使ったブレンデッドウイスキーです。敗戦に沈み、疲弊《ひへい》しきった国民に安くてうまいものを提供したい。そんな思いから、信治郎はトリスをいち早くリリースしたとか。「角瓶には手は届かなくてもトリスなら買える」と一躍ヒット商品になり、戦後の日本にウイスキーが広まるきっかけとなりました。

同年、大黒葡萄酒《だいこくぶどうしゅ》（のちのメルシャン）も「オーシャン」ウイスキーを発売しています。オーシャンには、同社の東京工場で製造されたグレーンウイスキーと、余市蒸溜所から提供を受けたモルトウイスキーが使われていました。

戦後のブームをつくった3級ウイスキー

戦後から1960年代にかけて、ウイスキー産業は大きな発展を遂げました。その発展は酒税法および級別区分と無関係ではありません。そこで、ここでは酒税法と級別区分の改正とあわせて、戦後のジャパニーズウイスキーの歩みをたどります。

ご存じのとおり、お酒には税金が課されています。これを酒税といいます。酒税がはじまったのは、14世紀後半、足利義満《あしかがよしみつ》の時代といわれています。以来、制度や税率は時代によって異なりますが、昔も今も、酒税は国の重要な財源の一つとなっています。

現在の酒税の原型が整えられたのは1940（昭和15）年です。1943（昭和18）年には級別課税制度が導入されました。

級別課税制度は、市販のウイスキーに特級・1級・2級などのランクをつけ、ランクに応じて税金を徴収する日本独自のシステムです。ランクが上がるほど徴収される税金が増え、販売価格も高くなります。

また、1939（昭和14）年に酒の公定価格制度がスタートしており、戦時下から戦後にか

[表1] 1943(昭和18)年の級別区分

級数	アルコール度数	本格ウイスキー混和率
1級	43度以上	30%以上
2級	43度以上	30%未満
3級	40度以上	1級、2級に該当しないもの

けて酒類の価格は国によって決められていました。第二次世界大戦、太平洋戦争が開戦するなか、酒税をより多く徴収して国の財源を確保しつつ、特級や1級といった上級酒の品質を国が保証し、さらに公定価格を制定することで、酒不足の時代に粗悪な酒が出回るのを防ぐ。そんな狙いが政府にはあったのでしょう。しかし、現実にはメチル、カストリ、バクダンなどの粗悪な密造酒が闇市《やみいち》で大量に横行し、多数の死者が出ています。

さて、1943年の時点ではウイスキーは「雑酒」に分類されていました。雑酒とは、簡単にいえば、日本酒や焼酎、ビールではないお酒のことです。当時の級別区分は表1のようになっていました。

「本格ウイスキー」とは、3年貯蔵以上の原酒（モルトウイスキー）を意味します。1級は指定銘柄で、寿屋の「サントリーウ井スキー（角瓶）」、国産第2号といわれる「トミーウヰスキー」、1940年発売の「ニッカウ井スキー Rare Old」などが認定されていました。

さらにこのウイスキーの級別は、第二次世界大戦を経て、1949（昭和24）年には表2のように改められます。

［表2］1949（昭和24）年の級別区分

級数	アルコール度数	本格ウイスキー混和率
1級（甲類）	43度以上	30％以上
2級（乙類）	40度以上	5％以上
3級（丙類）	40度以上	1級、2級に該当しないもの

1943年の級別区分と同様に、ウイスキーの甲類、乙類には、3年以上貯蔵した原酒の使用が定められていました。

そしてこの年、ウイスキーの公定価格制度が廃止になり、1950（昭和25）年からは各メーカーが価格を自由に設定できるようになりました。これを受けてウイスキーメーカーは生産体制を整え、次々とウイスキーを販売していきます。その多くは3級ウイスキーでした。

当時、市場に出回っていた3級ウイスキーは1本（640㎖）300円台でした。一方、1級ウイスキーに認定されていたニッカウ井スキーは1300円ほど。第二次世界大戦が終わってからわずか5年です。多くの日本人が1級ではなく、安く酔える3級ウイスキーを求めたのは当然といえるでしょう。先のトリスも3級ウイスキーです。

ただ、この時期の3級ウイスキーは、「ウイスキーもどき」でした。表2にある3級の定義に注目してください。3級の原酒混和率は「1級、2級に該当しないもの」となっています。2級の原酒混和率は5％以上。つまり、3級の原酒混和率は5％未満となります。

この「未満」というのがポイントで、原酒は1％でも、0・1％でもいいということになります。おそらく、原酒混和率が０％のものもあったでしょう。つまり、３級と呼ばれるウイスキーの95％以上は「ウイスキーでないもの」で構成されていたのです。

「ウイスキーでないもの」の正体は、モラセスなどからつくられる醸造アルコールです。ここに、モルト原酒を少々加えて、色と風味づけをすれば３級ウイスキーのできあがりでした。

竹鶴政孝は、こうした状況を非常に憂《うれ》えていました。「３級ウイスキーなんてウイスキーではない」と主張し、大日本果汁は３級ウイスキーを一切つくらないと公言していたといいます。しかしながら、３級ウイスキーの人気が高まるにつれ、高価な大日本果汁のウイスキーは敬遠され、業績は低迷しました。

その状況を見かねた株主は、３級ウイスキーを出すよう政孝を説得します。さすがの政孝も、創業時に出資してくれた大恩ある株主からの要請を突っぱねることはできませんでした。１950年、政孝は泣く泣く、３級ウイスキー「スペシャルブレンドウイスキー角びん」をリリースします。二代目社長の竹鶴威によると、このとき政孝は「限界まで原酒を入れろ。それが私の良心だ」といったとか。限界とは、限りなく５％に近づけるという意味です。品質第一主義の政孝らしい逸話です。この2年後の１９５２（昭和27）年、大日本果汁は「ニッカウヰスキー」に社名を変更しています。

前述のとおり、この時期の主流は３級ウイスキーでした。しかし、１級ウイスキーがまったくつくられなかったわけではありません。政孝が初の3級ウイスキーを販売したその年、寿屋は1級ウイスキー「サントリーオールド」を発売しています。

実は、オールドは10年前の1940年には完成しており、角瓶の上をいく高級ウイスキーとして商品発表も済んでいました。ところが、太平洋戦争開戦の機運が高まり、国内が緊迫した状況になりつつあったため、市場に出回らなかったのです。

なお、オールド完成の2カ月前、信治郎の息子の吉太郎が31歳の若さで早逝《そうせい》しています。息子の突然の死、そして、オールドの発売中止。信治郎にとっては試練の1年でした。

それから10年の月日を経てようやく日の目を見たオールドは、その後長らく、日本の社会を象徴するウイスキーとして飲み継がれることになります。

特級ウイスキーとトリスバーの誕生

1953(昭和28)年、酒税法が全面改正となります。これにより、ウイスキーをはじめとする「雑酒」から3級がなくなり、代わりに特級が設けられて表3のようになりました。

［表3］ 1953（昭和28）年の級別区分

級数	アルコール度数	本格ウイスキー混和率
特級	43度以上	30%
1級	40度以上	5%以上
2級	特級、1級に該当しないもの	特級、1級に該当しないもの

「特級ウイスキー」という響きに懐かしさを覚える方も多いのではないでしょうか。

1953年の酒税法改正に前後して、国内のウイスキー市場は次第に活況を呈していきました。1940年代後半から1950年代前半にかけて、焼酎や清酒メーカーがウイスキー産業に参入。第3章で紹介する地《じ》ウイスキーメーカーの笹《ささ》の川《かわ》酒造、東亜《とうあ》酒造も、この時期にウイスキーの生産を開始しています。1950（昭和25）年ころには、ウイスキー製造免許を持つ企業は30社を超えていました。

また、オーシャンウイスキーを発売していた大黒葡萄酒は、1952（昭和27）年にモルトウイスキー製造を開始。1955（昭和30）年には軽井沢蒸留所を創設（2012年閉鎖）しています。

さらに、1950年代にはウイスキーを気軽に飲める酒場も急増しています。1950年、東京の池袋にスタンドバーがオープンしました。看板には「トリスバー」の文字。酒はトリスとカクテルで、女性による接客はなし。さらに値段を明示するスタイルが評判を呼び、あとに続く店が続出しました。のちに、寿屋は「酒とつまみの値段を統一し、客席

トリスバーの様子。1950〜60年代には、ほかにもニッカバー・オーシャンバーといった大衆的なバーが数多く登場した

に女性をはべらせない」を条件として、「寿屋の洋酒チェーン・バー」を展開しています。

大黒葡萄酒、ニッカウヰスキーもこれにならい、三社の名、あるいは製品名を冠した大衆向けのバーが全国に現われました。

この時期に流行していたのは、ウイスキーを炭酸水で割るハイボールです。仕事帰りにバーでハイボールを飲む。それが、当時のサラリーマンたちの活力源でした。ブームを牽引《けんいん》したトリスバーは、1960年代の最盛期には約2000店に達したといわれています。

特級ウイスキーの誕生後も、もっぱら2級（または旧3級）ウイスキーが飲まれていました。2級ウイスキーをめぐる各社の競争が激化するにつれ、資金難に陥る企業も出てきます。その一つがニッカウヰスキーです。1950年に

[表4] 1962(昭和37)年の級別区分

級数	アルコール度数	本格ウイスキー混和率
特級	43度以上	20%以上
1級	40度以上	10%以上
2級	特級、1級に該当しないもの	特級、1級に該当しないもの

「スペシャルブレンドウイスキー角びん」を発売して低価格ウイスキー市場に参入しましたが、遅きに失したという感は否めません。

加えて、スペシャルブレンドウイスキー角びんは、売り上げが思ったよりも伸びませんでした。3級(販売当時)ながら原酒の混和率の上限5%ギリギリまで原酒を入れることにこだわったために、価格がほかよりも割高だったのです。結果として、ニッカウヰスキーは1954(昭和29)年に朝日麦酒(現・アサヒグループホールディングス)の傘下に入ることになります。

トミーウヰスキーを手がけた東京醸造も経営状態が悪化し、1955年に倒産。その後、同社の藤沢工場は寿屋に落札されました。低価格ウイスキーの大量生産にうまく舵《かじ》取りできたメーカーだけが勝者となる、そういう時代だったのです。

1953年以降も酒税法と級別は何度か改定されています。その級別区分は表4〜6のとおりです。

表5、表6の( )内の数字は酒税法基本通達上のものです。酒税法基本通達とは、国税庁が製造者に対し、税法の具体的運用に関して指導

[表5] **1968**(昭和43)**年の級別区分**

級数	アルコール度数	本格ウイスキー混和率
特級	43度以上	23％以上
1級	40度以上	13％以上
2級	特級、1級に該当しないもの	12％未満（7％以上）

[表6] **1978**(昭和53)**年の級別区分**

級数	アルコール度数	本格ウイスキー混和率
特級	43度以上	27％以上（30％以上）
1級	40度以上	17％（20％以上）
2級	特級、1級に該当しないもの	特級、1級に該当しないもの（10％以上）

を与えたもの。実際の製品は通達に従った原酒混和率でつくられました。

なお、１９６８（昭和43）年の酒税法基本通達では、2級ウイスキーの原酒混和率は7％以上となっています（表5参照）。つまり、ここではじめて、原酒を含まないものはウイスキーとして認められなくなったというわけです。

この級別課税制度は１９８９（平成元）年に廃止されました。そのため、古いウイスキーを見つけて、そのラベルに「特級」の表記があれば、それは１９８９年以前に流通したものということになります。

国内のウイスキー消費量は、１９５０年代後半以降、順調に伸びていきます。それにともない、人々の嗜好《しこう》は2級→1級→特級へと変化していきました。次章では広告に焦点を当てながらその流れを見ていきましょう。

第2章

広告戦略から見るジャパニーズウイスキー全盛期

天才的アドマン、トーマス・デュワー

広告は世相を映す鏡といわれます。なかでもウイスキーの広告は、生活必需品ではなく嗜好品だからこそ、その時代を生きる人々の憧《あこが》れや欲望を如実に表わしているのではないかと思うのです。戦後、国内のウイスキー消費量は右肩上がりとなり、1980年代にピークを迎えました。そして、そこには常に広告がありました。本章では、国内各社の広告戦略とあわせて、1950年代から1980年代までのウイスキー業界の動向を見ていきます。

と、その前に、国外ではありますが、ウイスキーの広告を語るうえで欠かせない人物を一人、ご紹介しておきましょう。広告や宣伝関係のお仕事をされている方なら、名前くらいは聞いたことがあるかもしれません。世界的なスコッチブランド「デュワーズ」の広告塔として活躍したトーマス（トミー）・デュワーです。

「デュワーズ」を製造・販売しているのは、現在はバカルディ社の傘下となっているジョン・デュワー&サンズ社です。1846年に同社を創業したジョン・デュワーには事業を継ぐ二人

デュワーズを世界的ブランドに押し上げたトーマス・デュワー

の息子がいました。兄のアレクサンダーと弟のトーマスです。ジョンの死後、二人はそれぞれ26歳、16歳という若さで会社を継ぎ、兄が主に生産部門を、弟が販売部門を担当しました。

1885年、21歳のトーマスはロンドン市場の開拓を任されます。ロンドンに向かうにあたって、トーマスは親戚や知人から3通の紹介状を持たされていたそうです。ところが、いざ紹介先を訪ねてみると、一人はすでに破産、もう一人は借金を苦に逃亡、さらにもう一人は自殺してこの世を去っていました。

ほかにつてはなく、まだ無名のデュワーズをどうやってロンドンで売り込めばいいのかと、トーマスも一度は途方に暮れたに違いありません。

しかし、彼はそこでへこたれませんでした。ロンドンに着いた翌年の1886年には、ロンドンで開催された博覧会において、デュワーズの宣伝のためにバグパイパー（バグパイプの演奏者）を登場させ、ロンドンっ子の度肝を抜きます。

さらには、当時まだ未舗装な箇所が多かった土の道路にも着目し、自転車や荷車の車輪に目をつけました。なんと、車輪にあらかじめ鏡文

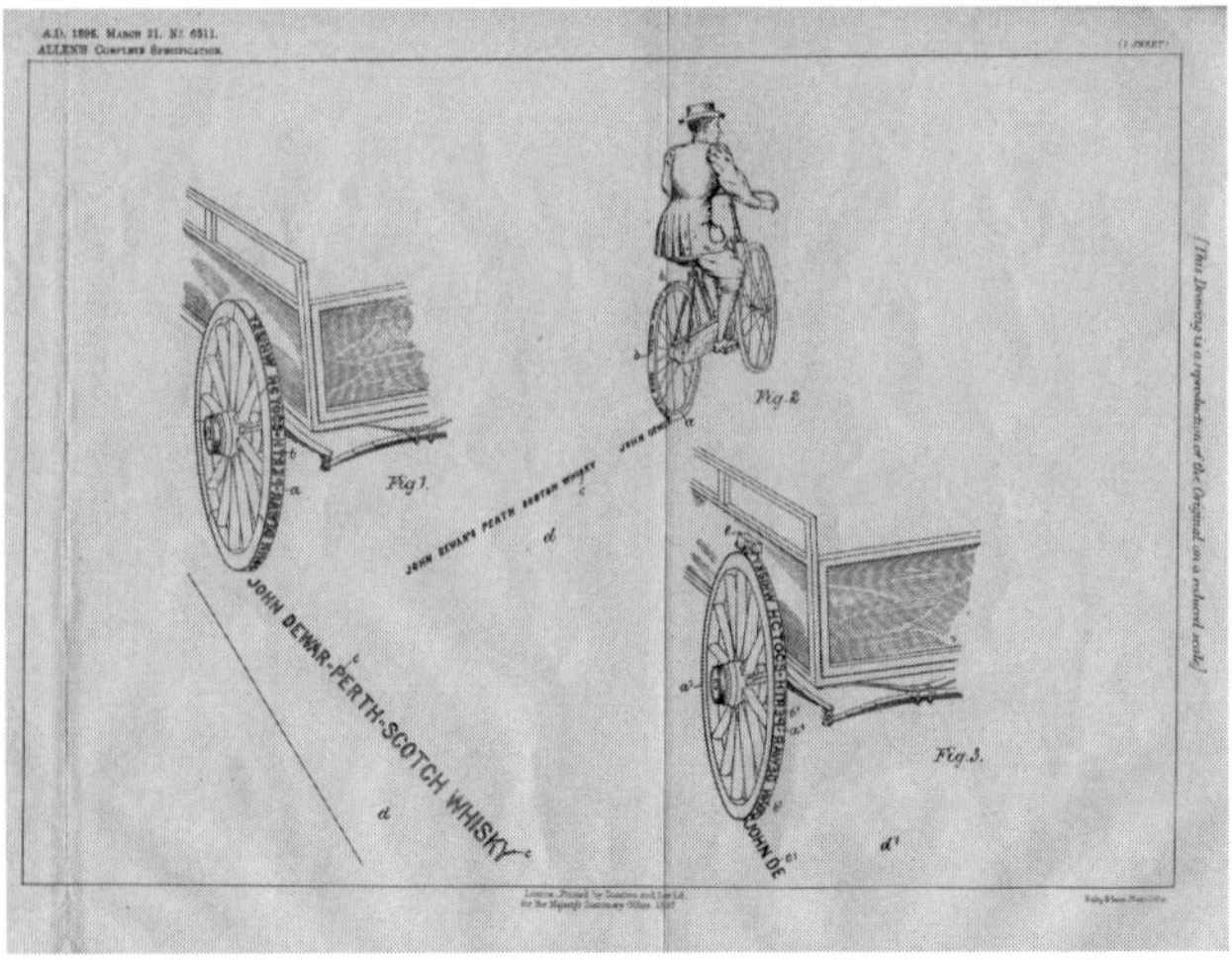

トーマスが考案した車輪広告

字を刻んでおき、自転車や荷車が通りすぎたあとの土の道にデュワーズの製品名が残るようにしたのです。車輪をスタンプに見立てるとは、なんとも天晴《あっぱれ》な発想です。

続いて1898年には、飲料メーカーとしては世界初となる映画広告を制作しています。「デュワーズスコッチウイスキー」と書かれた背景の前でスコットランドの伝統衣装であるキルトをまとった男たちが踊り、そばのテーブルにはデュワーズのボトルが置かれている——。そんな詩的な内容でした。

こうしてトーマスは、天性の行動力、ウィットに富んだ性格で苦難に打ち勝ち、ロンドン中のホテルやレストラン、バーにデュワーズを売り込むことに成功したのです。

そしてこの成功は、国内だけにとどまりませんでした。トーマスはアメリカ市場の開拓もしています。その戦略も実に巧《たく》みでした。

少し遡《さかのぼ》って1891年のある日、ジョン・デュワー&サンズ社のもとに1通の手紙が届きました。差出人は「鋼鉄王」と称されたアメリカの実業家アンドリュー・カーネギーです。手紙には「アメリカ大統領の邸宅に最良のウイスキーを送るように」と書かれていました。当然、ジョン・デュワー&サンズ社はデュワーズを樽に詰め、アメリカに発送します。

ところが、このデュワーズを積んだ船がニューヨークに着くと、全米では大統領への非難が巻き起こりました。「アメリカ大統領が自国のバーボンやライウイスキーではなく、スコッチウイスキーを買い求めるとはけしからん!」というわけです。

しかしその一方で、「大統領がスコットランドからわざわざ取り寄せるほどのウイスキーとはどんなものだろう」と興味を持つ人もいました。この騒動の結果として、アメリカでのデュワーズの売り上げは爆発的に伸びたのです。

ことのなりゆきに、トーマスはしてやったりと思ったことでしょう。アンドリュー・カーネギーはスコットランドの出身です。実はカーネギーは、同郷の士であるトーマスの依頼を受けて、件《くだん》の手紙を書いていたのです。今風にいうならあらかじめ仕組まれた炎上商法でしょう。トーマスは広告費をまったくかけずに、全米中にデュワーズの名を広めたのでした。

ちなみにデュワーズは、現在でもアメリカで最も飲まれているスコッチの一つです。

テムズ川沿いに設置されたデュワーズの電飾広告。政治家やロンドンのビジネスパーソンにデュワーズを印象づけた

こうしたトーマスの才能は、１９００年代に入っても発揮され続けました。

１９１１年には、テムズ川の埠頭《ふとう》に、高さ20ｍほどの巨大な電光掲示板を設置。そこにはキルトを着たスコットランド人が描かれており、電飾の動きでウイスキーグラスを口に運んでいるように見えたそうです。

この広告は、対岸にある国会議事堂からよく見える位置にありました。当時の国会議員やそこに勤める人たちは、対岸に目をやるたびにデュワーズを刷り込まれたというわけです。

また、トーマスは１９１４年に勃発した第一次世界大戦においても積極的に広告を打ちました。これまた驚くことに、兵士の輸送に使用されたバスにデュワーズの広告を掲示したのです。イギリス兵はもちろん、敵の部隊も目にする輸送バスに広告を掲示するとはずいぶん剛胆なやり方です。

なお、広告の世界に革新を起こし続けたトーマスには、広告以外にも逸話があります。

それはトーマスがニューヨークに滞在していたときのこと。酒場を訪れてウイスキーのソーダ割りを注文した際に、背の低いグラスが出されたトーマスは、もっと背の高いグラスを出してくれと頼んだとか。

理由は、「そのほうが炭酸の泡がよく見えて楽しめるから」。なお、〝ボール〟には楽しむという意味があり、〝ハイボール〟で「もっと楽しもう‼」という意味になります。これがウイスキーの炭酸割りを「ハイボール」と呼ぶようになった起源だというのです。もちろん、ハイボールの起源については諸説あります。

ちなみに、トーマスはアドマンとして世界中をめぐり、ニューヨークだけでなく長崎と横浜にも立ち寄った、という記録が残っています。

デュワーズの広告を載せた兵士輸送バス。時代に合わせて展開された広告手法は傑出したものだった

以上に述べてきたような事績が称えられ、のちにトーマスはウイスキーバロン（男爵）として貴族にも叙せられ、国会議員にもなっています。

また、トーマスはスピーチの名手としても知られ、名言を集めた『デュワリズム』

という本が出版されたほど。なかでも有名なのが次のフレーズでしょう。

There is no fun like work――人生で仕事ほど楽しいものはない

現在のビジネス書でもたびたび引用されている名言です。

トーマスが活躍した１９００年代前後、スコッチのブレンデッドは「世界の蒸留酒の王様」と称えられるほどの地位を獲得していました。当然、ジョン・デュワー＆サンズ社以外のウイスキーメーカーも多くの広告を打っています。しかし、常にその中心にいたのはトーマスです。彼の手腕とセンスは群を抜いていました。トーマスが活躍した時代と、スコッチのブレンデッドが飛躍した時代とが重なるのは、決して偶然ではないでしょう。

日本が誇る鬼才アドライター、片岡敏郎

日本のウイスキー業界にも、トーマス・デュワーのようにすぐれたアドマンがいました。そ

の一人が戦前に活躍した片岡敏郎《かたおかとしろう》です。

第1章で紹介したように、1929（昭和4）年、日本初の本格ウイスキーとしてサントリーウイスキー、通称「白札」がリリースされました。その際のコピー「醒めよ人！　舶来盲信の時代は去れり　酔はずや人　吾に國産至高の美酒　サントリーウ井スキーはあり！」を書いたのが片岡です。

片岡は30歳をすぎて日本電報通信社（現・電通）に入社。その翌年には森永製菓へ移り、ヒット広告を次々と生み出しました。この時期の代表作に、当時の横綱・太刀山《たちやま》の手型を取り、そこに「天下無敵　森永ミルクキャラメル」と書いた新聞広告があります。この独創的な広告により、森永キャラメルの認知度は大いにアップしたといいます。

そんな片岡の才能に惚れ込んだ寿屋の鳥井信治郎は、高給と宣伝部長の座を約束して片岡を森永製菓から引き抜きました。天才アドライター（当時はコピーライターをそう呼んでいたそうです）として今なお語り継がれる片岡と、天性の商売人であり広告の鬼とも呼ばれた信治郎。二人は1922（大正11）年に日本をあっと驚かせる広告を出します。赤玉ポートワインのポスターです。

それは、上半身裸の女性が、胸元にワインのグラスを掲げているというものでした。裸といっても、肩と腕、デコルテが露《あら》わになっているだけで胸から下はぼかされています。現代人が見ればなんということもないかもしれません。けれど、当時としては非常にセンセーショナル

赤玉ポートワインのポスター。ドイツの世界ポスター展でも1位を獲得した

でした。赤玉ポートワインのこのポスターは「日本初のヌードポスター」として広告史に刻まれています。ちなみに、このときモデルを務めた松島栄美子《まつしまえみこ》は、のちに赤玉楽劇団のプリマドンナとして人気を集めました。

片岡は、コピーライティングだけでなく、プランナーもプロデューサーもこなすマルチクリエイターでした。後年、開高健《かいこうたけし》とともに寿屋の広告を手がけた山口瞳《やまぐちひとみ》は片岡の才能を高く評価しており、「この人のことを考えると広告をつくるのが嫌になってしまう」といっていたとか。片岡はオラガビールやスモカ歯磨など、当時寿屋が手がけていたほかの製品の広告も手がけ、数々の傑作を残しています。

天才クリエイターの片岡抜きに寿屋の成功は語れないでしょう。信治郎と片岡が築いた寿屋宣伝部のDNAは、その後、開高健や山口瞳らに受け継がれました。

1950年代後半 ウイスキーの広告戦争はじまる

1950年代後半から1960年代にかけて、国産ウイスキーの市場は次第に醸成されていきます。それとともに、原酒の熟成や蒸留所の整備が進み、リリースされる製品の幅も広がっていきました。結果として、現在も販売が続く製品が数多く誕生します。

一方で、1953（昭和28）年にはテレビ放送がスタートし、各社の広告活動も本格化。寿屋とニッカウヰスキーも例外ではなく、この時期には数々の傑作広告も生まれています。

そこで、ここからは押さえておきたいウイスキー業界のトピックスと、当時話題になった広告を、年代順に追っていきます。すべての新製品と広告を取り上げているわけではありませんが、当時のウイスキーにいかに勢いがあったか、その空気は感じていただけるはずです。

◎1956（昭和31）年『洋酒天国』、「ブラックニッカ」誕生

「もはや戦後ではない」。1956年度の経済白書に書かれたこのフレーズが示すように、こ

寿屋刊行の『洋酒天国』。画像は創刊号のもの。仕事帰りにバーでウイスキーを愉しむ文化の定着にひと役買った

の時期から国民の暮らし向きは大きく向上していきます。国民所得は上昇し、それにともない個人消費も増加。寿屋、ニッカウヰスキー、大黒葡萄酒の社名あるいは製品名を冠したバーが雨後の筍《たけのこ》のように増加しました。

　また、テレビ、洗濯機とともに三種の神器といわれた冷蔵庫が急速に普及。冷えたビールや、ウイスキーに氷を入れたオンザロックを家庭でも楽しめるようになりました。

　この年、寿屋は『洋酒天国』を発行しています。洋酒天国は、トリスバーの常連客へのサービスとして配布された広報誌です。しかしながら、広報誌といいつつもコマーシャル的要素を極力排除した、当時としては異色の媒体でした。

　作家、エッセイスト、詩人、物理学者など、当時を代表する文化人による寄稿や対談があるかと思えば、写真家木村伊兵衛《きむらいへえ》によるパリの酒場のカメラ探訪もあり、さらに中綴《なかと》じのグラビアもあったりと、内容がとにかく多彩。執筆陣には檀一雄《だんかずお》、遠藤周作《えんどうしゅうさく》、吉行淳之介《よしゆきじゅんのすけ》なども名を連ねていました。創刊当初は2万部だった発行部数は、その都会的なセンスが好評を博し、

20万部に達したといいます。

この洋酒天国を手がけたのが新生・寿屋宣伝部でした。片岡敏郎が退社した１９３２（昭和7）年以降、寿屋宣伝部はかつての勢いを失っていました。そこで、１９４９（昭和24）年に専務取締役に就任した佐治敬三《さじけいぞう》は、宣伝部の立て直しに取り組みます。テレビ放送の開始を受け、宣伝の強化が急務と考えたからでしょう。なお、佐治は鳥井信治郎の次男です。佐治家の養子となっていたため、寿屋入社後も佐治姓を名乗っていました。

佐治は、当時、三和銀行の宣伝部に勤めていた山崎隆夫《やまさきたかお》をスカウト。山崎をリーダーとした新生・寿屋宣伝部には、前出の開高健、山口瞳のほか、イラストレーター柳原良平《やなぎはらりょうへい》、アートディレクター坂根進《さかねすすむ》、カメラマン杉木直也《すぎきなおや》、ＣＭプランナー酒井睦夫《さかいむつお》といった才能あふれる面々が集まりました。

ちなみに、『洋酒天国』の初代編集長を務めたのは開高健です。開高は寿屋宣伝部で働くかたわら、『裸の王様』を執筆し、１９５７（昭和32）年には芥川賞を受賞しています。また、二代目編集長を務めた山口瞳も、『婦人画報』に連載した『江分利満氏《えぶりまんし》の優雅な生活』で１９６２（昭和37）年に直木賞を受賞。芥川賞作家と直木賞作家を輩出した宣伝部は、あとにも先にも寿屋だけではないでしょうか。

同年、ニッカウヰスキーは特級ウイスキー「ブラックニッカ」と2級ウイスキー「丸びんニッキー」をリリースしました。ブラックニッカは1950（昭和25）年の発売以降、高嶺《たかね》の花として君臨するサントリー「オールド」の、丸びんニッキーは「トリスウイスキー」の対抗馬といったところでしょうか。ブラックニッカは幾度となくリニューアルを重ね、現在も多くの人に愛されています。

◎ブラックニッカ（特級）
本格的なスコッチタイプのブレンデッドウイスキーを指向してつくられた

◎1958（昭和33）年 アンクルトリス初披露

この年、日本は岩戸《いわと》景気により経済が上昇。人々の暮らしはますます豊かになっていきました。東京タワーの完成に、皇太子さま（現・上皇陛下）と正田美智子《しょうだみちこ》さま（現・上皇后陛下）のご婚約の発表と、明るいニュースが多かった年でもあります。

ウイスキーの広告史においても、エポックメイキングな一年だったかもしれません。あのアンクルトリスが誕生したのです。キャラクターデザインは前出の寿屋宣伝部の柳原良平、命名は酒井睦雄、キャッチコピーは開高健と山口瞳が担当しました。

アンクルトリスがはじめてお目見えしたのは、この年に放送されたトリスウイスキーのアニメCMです。夜道を歩く二頭身のサラリーマン風の男（アンクルトリス）がバーに立ち寄り、カウンターでウイスキーのグラスを傾ける。酔うにつれてその顔は下からだんだんと色を変えていく——。せりふは一切なく、画面はモノクロというきわめてシンプルなCMでしたが、バーで飲む楽しさを端的に表現していました。以降、アンクルトリスは寿屋のイメージキャラクターとしてテレビ、雑誌、新聞などで活躍します。

アンクルトリス。1958～81年まで採用され、2003年に復活。現在でもトリスのCMに登場している

また同年には、ニッカウヰスキーも丸びんニッキーのテレビCMを放送しています。クマのキャラクターがウイスキー樽や丸びんニッキーの瓶とたわむれるという、ほのぼのとした内容でした。

しかもCMソングの制作陣が実に豪華で、作詞はサトウハチロー、作曲は淡谷《あわや》のり子《こ》の「別れのブルース」なども手がけた服部《はっとり》良一《りょういち》、歌は若きダークダックスという布陣。

このテレビCMの効果は絶大で、「売り上げはまさにうなぎのぼりだった」と二代目社長の竹鶴威は述懐しています。
これを機に、ニッカウヰスキーは寿屋に並ぶ全国的なブランドへと成長したのです。

1960年代 2級VS1級、特級——熾烈なシェア争い

1960年代、ウイスキー市場の主役は変わらず2級ウイスキーでした。しかし、1960年代半ばあたりから、1級、特級が少しずつ追い上げてきます。人々の生活が豊かになっていった証左《しょうさ》でしょう。広告にもそうした日本の情勢がよく映し出されています。

◎1960（昭和35）年 信治郎の最後の名作「サントリーローヤル」発売

1960年、寿屋は創業60周年を迎えました。それを記念してリリースされたのが特級ウイスキー「サントリーローヤル」です。スコッチを単に真似るのではなく、日本人が本当においしいと感じるウイスキーを追求してきた鳥井信治郎は、このとき80歳。サントリーローヤルは、

岩井喜一郎。喜一郎が所持していた『竹鶴ノート』は、のちにニッカウヰスキーに寄贈された

◎サントリーローヤル
信治郎の遺作にして当時最上級ランクの商品であった

信治郎がブレンドを手がけた最後にして最高の名品となりました。信治郎がローヤルに懸けた情熱と、「酒」という漢字のつくりの部分「酉」をかたどったボトルデザインは、発売から60年経った現行品にも継承されています。

また、焼酎メーカーの本坊《ほんぼう》酒造が、山梨県石《いさ》和《わ》町《ちょう》にウイスキー蒸留所を開設したのもこの年です。ウイスキーづくりの陣頭指揮をとったのは、摂津酒造で阿部喜兵衛の右腕として働き、竹鶴政孝に洋酒づくりのいろはを教えたあの岩井喜一郎です。政孝が記した『竹鶴ノート』は、そもそもは岩井への報告書でした。

岩井は戦後、摂津酒造を辞めて本坊酒造の顧問に就任。政孝から受け取った竹鶴ノートをもとに、工場設計と原酒づくりを指導しました。政孝の報告書を受け取ってから実に40年後のことです。政孝や信治郎に大きく遅れはとったものの、岩井はついにウイスキー製造の夢を本坊酒造で実現したのでした。岩井が設計したポットスチルは、現在、本坊酒造のマルス信州蒸溜所に展示されています。

◎1961（昭和36）年「人間」らしくやりたいナ

テレビが100万台を突破した1961年、日本はレジャーブームに沸いていました。そんな世相を反映して、サントリーは「トリスを飲んでHawaiiへ行こう！」キャンペーンを実施しています。トリスを買うともれなく抽選券がついていて、1等賞が当たれば、ハワイ四島をめぐる8日間の旅ができるというものでした。

ちなみに、このころはまだ海外旅行の自由化以前です。そのため、1等賞品はハワイへの旅行券ではなく、積立預金証書（当時の価格で39万6455円）となっており、積み立て金で海外旅行自由化後にハワイに行くというものでした。当選してもすぐ旅行には行けませんでしたが、それでも夢のハワイに胸を躍《おど》らせてトリスに手を伸ばした人々の姿が目に浮かぶようです。

なお、「トリスを飲んでHawaiiへ行こう！」というキャッチコピーを考案したのは山口瞳です。このコピーは山口瞳の出世作となったといわれています。

また、1961年にはもう一つ、トリスの傑作コピーが生まれています。

1961年に山口瞳が手がけた「トリスを飲んでHawaii へ行こう！」キャンペーンのポスター

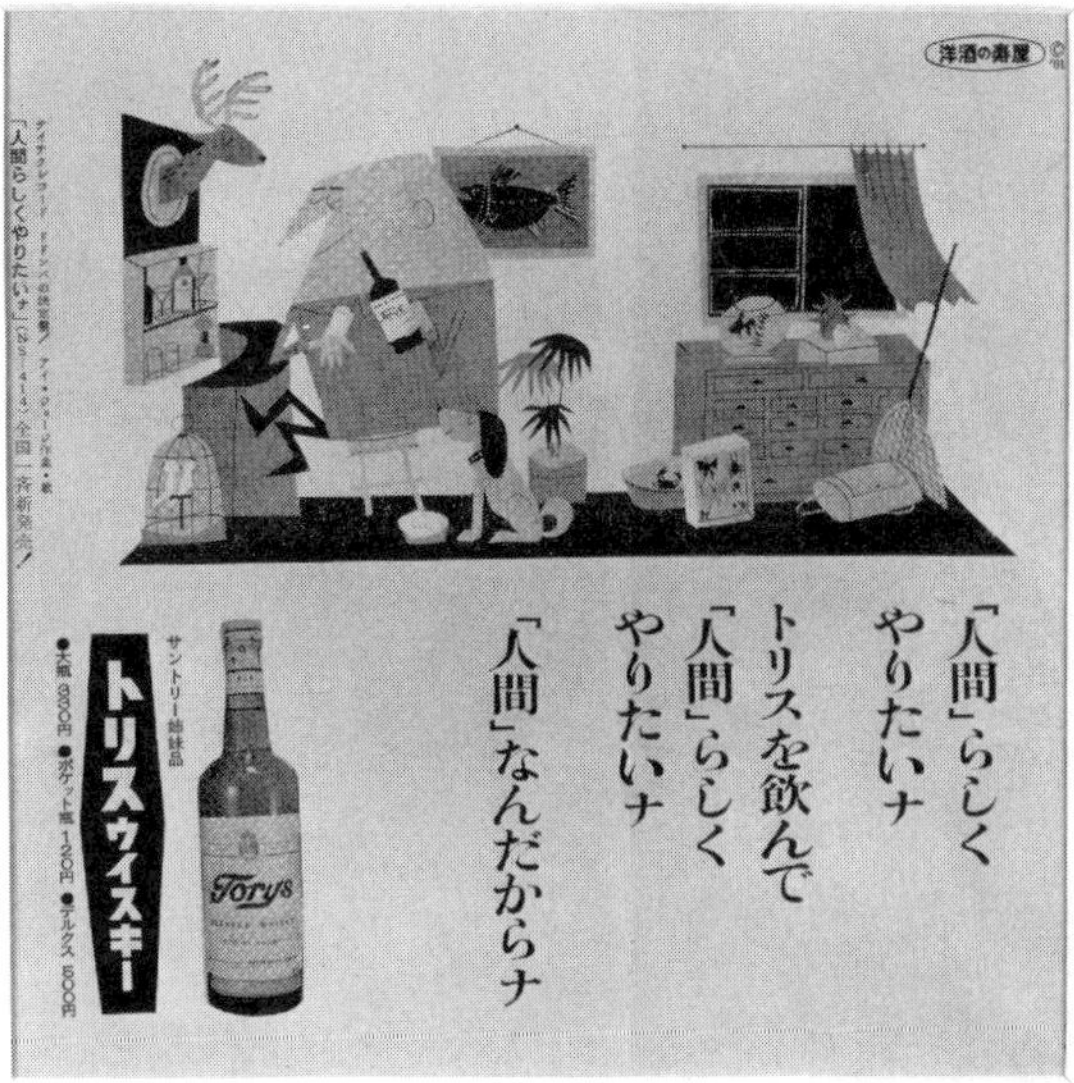

1961年のトリスウイスキーの宣伝ポスター。開高健が考案した「『人間』らしくやりたいナ」は評判を呼んだ

「人間」らしく
やりたいナ
トリスを飲んで
「人間」らしく
やりたいナ
「人間」なんだからナ

ご記憶の方もいるのではないでしょうか。開高健が手がけたこのコピーは大きな評判を呼び、先の「トリスを飲んで Hawaii へ行こう！」とともに流行語になりました。

◎1962（昭和37）年 亡き妻に捧げる「スーパーニッカ」

東京都が世界初の人口1000万人都市となった1962年、ニッカウヰスキーは特級ウイスキー「スーパーニッカ」を発売しました。竹鶴政孝が前年に逝去した妻リタへの思いを込めてつくったウイスキーです。

政孝は、「ウイスキーが熟成するまでには何年もかかる。大きくなった娘を嫁にやるのと同じだから、立派な衣装を着せてやりたい」と、各務《かがみ》クリスタルにボトル制作を依頼。すらりと

◎スーパーニッカ
発売当時のボトル。大卒初任給が2万円未満の当時、ニッカの最上位製品として3000円で発売された

伸びた首と、やわらかなふくらみが女性的なボトルは、職人が1本ずつ手吹きでつくる特別なものでした。

2級ウイスキーが300円台だった時代に、スーパーニッカは720㎖で3000円。大変な高級品でしたが、「飲みやすく、味わいがある」と高く評価されました。政孝のリタへの思いとボトルのデザインは、現行品のスーパーニッカにしっかりと受け継がれています。

なお、この年は鳥井信治郎の没年でもあります。享年83歳。前年、会長に就任し経営の第一線を退いたばかりでした。

◎1964(昭和39)年「ハイニッカ」と「サントリーレッド」

この年、アジア地域としては初となるオリンピックが東京で開催されました。オリンピックイヤーに、ニッカウヰスキーは2級ウイスキー「ハイニッカ」を発売しています。このハイニ

◎**サントリーレッド**
かつて振るわなかった「赤札」を改称。

イメージを刷新して発売した

◎**ハイニッカ**
「ハイグラス」と名のついた景品
もつけられ、飛ぶように売れた

ッカは、当時の国内ウイスキー市場において画期的な製品でした。

これまで取り上げてきた国産ウイスキーは、いずれも醸造アルコールにモルト原酒を混ぜたもの。スコッチのブレンデッドのように、モルト原酒とグレーン原酒とを混合したウイスキーではありませんでした。

しかし、ニッカウヰスキーは前年、当時の西宮工場に連続式蒸留機を導入。グレーンウイスキーの製造をはじめていました。ハイニッカは2級でありながら、酒税法の2級の上限(10%未満)ギリギリまでモルト原酒とグレーン原酒を入れた〝本格派〟。それでいて価格は500円と、コストパフォーマンスのよさからヒット商品になりました。政孝が晩年、晩酌で飲んでいたのもこのハイニッカだったとか。リニューアルを重ね、ハイニッカは現在も多くの人に愛されています。

また、前年に寿屋から社名を変更したサントリーは、ハイニッカの対抗製品として2級ウイスキー「サントリーレッド」を投入しました。

このサントリーレッドには、実は前身となる製品が存在します。すでにお話ししたように、初の国産ウイスキーである白札の評判は散々なものでしたが、それを払拭すべく、鳥井信治郎と政孝が1930（昭和5）年に白札の姉妹品として「赤札」を販売していたのです。ところがこちらも振るわず、間もなく製造中止になりました。その赤札の系譜を継ぐのがサントリーレッドでした。

価格はハイニッカと同じ500円。この年、「サントリーウイスキーホワイト」に名称を変えた白札の半額でした。

◎1965（昭和40）年　ヒゲのおじさん、現わる

日本は1955（昭和30）年から1973（昭和48）年の約20年間、経済成長率が実質年平均10％前後という高水準の成長を続けました。さらに、1963（昭和38）〜1964（昭和39）年のオリンピック景気、1965年から5年弱続くいざなぎ景気と好景気が続き、この時期、

日本は好況の真っただ中にありました。

そんななかニッカウヰスキーは、ブラックニッカのブレンドと等級を改めた新生「ブラックニッカ」をリリース。級別区分は特級から1級へとランクダウンしていますが、味はむしろよくなったと評判でした。なぜなら、前年にリリースされたハイニッカ同様にグレーン原酒を使ったレシピに変更されたからです。

当時の新生ブラックニッカの広告には、「世界一流のスコッチ工場が使っているカフェ式蒸溜機を日本ではじめて導入」「巨大な費用と技術をかけてニッカはスコッチとまったく同じ製法を完成しました」「1000円で買える最高級ウイスキー」などの惹句《じゃっく》が躍っています。また、「特級をもしのぐ1級」というコピーも非常に有名になったとか。新生ブラックニッカへの自信がうかがえます。

広告コピーにあるカフェ式蒸留機とは、アイルランド人のイーニアス・コフィーが発明した連続式蒸留機のことです。連続式蒸留機にはいくつかのタイプがあり、カフェ式蒸留機はこのころには旧型となっていました。旧型ゆえに新型に比べると蒸留の効率は悪いのですが、その分、原料の風味が残ります。それが原酒の個性になるからと、竹鶴政孝はあえて旧型のカフェ式蒸留機にこだわったのです。

スコッチのブレンデッドにより近い、ソフトな味わいを実現した新生ブラックニッカは、またたく間に大人気製品となりました。500円のハイニッカと1000円のブラックニッカは、ニッカウヰスキーの売り上げを牽引。これを機に、各社とも競って高品質のウイスキーを出すようになり、世間では「ウイスキー戦争」などといわれるようになりました。

新生ブラックニッカは約20年間販売され、その後リニューアル。実質的な三代目ブラックニッカとして現在も販売されているのが「ブラックニッカ　スペシャル」です。

さて、新生ブラックニッカのボトルにはあるキャラクターが描かれていました。ヒゲのおじさんこと「キング・オブ・ブレンダーズ」です。左手に大麦の穂、右手にウイスキーのテイスティンググラスを持つキング・オブ・ブレンダーズは、新生ブラックニッカのラベルデザインとして誕生しました。デザインしたのは、当時を代表するデザイナーの一人、大髙《おおたか》重治《しげじ》です。

大髙はニッカウヰスキーのデザインを一貫して担当し、１９４０（昭和15）年発売のニッカウヰスキー第1号のポスターや、丸びんニッキーのCMに登場するクマの原案も手がけたといいます。また、余談ですが大髙は初代「のりたま」のパッケージデザインも担当しています。

◎ブラックニッカ（1級）
二代目ブラックニッカで描かれたキング・オブ・ブレンダーズ。現在もヒゲのおじさんとして親しまれている

キング・オブ・ブレンダーズは、ウイスキーのブレンドの名人で、「ブレンドの王様（キング・オブ・ブレンダーズ）」と呼ばれ

たW・P・ローリーがモデルになっています。政孝も同じようにヒゲをたくわえていたため、よく、「このラベルはあなたがモデルですか？」と尋ねられたそうです。そのたびに政孝は、「わしは自分の顔をラベルに使うほど厚かましくないぞ。それにヒゲの男は目が青いじゃないか。わしの目のどこが青いんじゃ？」と笑いながら答えたとか。

キング・オブ・ブレンダーズは、今なおニッカの事実上のマスコットキャラクターとして活躍。北海道随一の歓楽街・すすきのの「すすきの交差点」には、キング・オブ・ブレンダーズの大型ネオン看板があり、撮影スポットにもなっています。また、誕生から55年となる2020年には、キング・オブ・ブレンダーズがルパン三世に盗まれるというユニークなコラボイベントも行なわれました。

◎1968(昭和43)年 ニッカウヰスキー「G&G 白びん」を発売

大学紛争が盛んになり、三億円事件が起きた1968年。ニッカは特級ウイスキー「G&G白びん」を送り出しました。CMにはシャンソン歌手の越路吹雪《こしじふぶき》を起用。越路が「ジーアンジー」と歌うというものでした。

G&Gの中身は、余市蒸溜所のモルト原酒と、西宮工場のグレーン原酒です。価格は1900円。ゴールドのエンブレムを配した黒のラベルは、特級ウイスキーにふさわしい高級感にあ

◎**サントリースペシャルリザーブ**
大阪万博とウイスキーの輸入自由化を見据えてつくられた

◎**G&G　白びん**
英国貴族風の紋章は、左右に狛犬、中央に兜と市松模様を配し、洋の装いと和の魂が込められていた

ふれていました。ちなみに、エンブレムは戦国時代の武将・山中鹿《やまなかしか》之《の》助《すけ》の兜《かぶと》がモチーフになっています。キング・オブ・ブレンダーズ誕生前のブラックニッカのラベルにも使用されていました。

この年は、竹鶴政孝がスコットランド留学に旅立ってから50年という節目の年でもあります。政孝は74歳になっていました。

◎1969(昭和44)年　出世酒のヒエラルキーが完成

アメリカのアポロ11号が人類初の月面着陸に成功した1969年は、サントリーの創業70周年という記念すべき年でもありました。この年、サントリーは特級ウイスキー「サントリースペシャルリザーブ」、通

ニッカウヰスキー宮城峡蒸溜所。緑豊かな峡谷で育まれたモルトは、みずみずしく華やかな香りをまとっている

称「リザーブ」をリリースしています。

リザーブは、翌年の大阪万国博覧会と、1971（昭和46）年のウイスキー輸入自由化を見越し、海外の消費者を意識して開発された製品です。

高度経済成長時代、人々は出世魚のごとく、会社での立場が上がるたびに飲むウイスキーの銘柄を上げていきました。サントリーの場合は、入門編の「トリス」にはじまり、就職するまでは「レッド」、平社員は「ホワイト」、係長になったら「角瓶」、課長で「オールド」、部長は「リザーブ」、役員になったら憧れの「ローヤル」という具合です。

「いつかは自分もローヤルを飲める身分になってやる！」

そんな風に思ってがむしゃらに働いたという方もいらっしゃるのではないでしょうか。

リザーブの登場によって、このサントリーのヒエラルキーが完成したのです。リザーブはサントリーの新たな看板商品となりました。

同年、ニッカは宮崎県仙台市に宮城峡《みやぎきょう》蒸溜所を開設。「異なる蒸留所で生まれた複数の原酒をブレンドすることで、ウイスキーはより味わい深く豊かになる」という信念を持っていた政孝にとって、第二蒸留所の建設は長らくの夢でした。

宮城峡は、広瀬川《ひろせがわ》と新川《にっかわ》という二つの清流に恵まれた緑豊かな地です。政孝ははじめてこの地を訪れた際、持参したブラックニッカを新川の水で割って飲み、その場で蒸溜所の建設を決めたといわれています。

1970年代 特級ウイスキーの猛追がはじまる

1970年代から1980年代前半にかけて、ウイスキーの消費量は過去最高の伸びを見せます。消費者の嗜好は高級化し、特級ウイスキーや海外のウイスキーがもてはやされました。

これにあわせ、サントリーもニッカウヰスキーも積極的に広告を展開。大物俳優を起用した豪華なテレビCMも放送されました。

なお、1970年代はスナック、カラオケの全盛時代でもあります。ボトルキープという風習がはじまったのもこのころです。

◎1970（昭和45）年　サントリーオールドと「二本箸作戦」

大阪万国博覧会が開催されたこの年も、ウイスキーの消費量は右肩上がりを続けていました。そんななか、販売数で突出していたのがサントリーオールドです。ボトルのシルエットから「だるま」「たぬき」「黒丸」などの愛称で親しまれていたオールドは、リザーブやローヤルなどのほかの特級ウイスキーに比べれば手が届きやすく、その点も販売数の伸びに貢献したのでしょう。

とはいえ、オールドが飲まれていたのはもっぱらバーでした。そこでサントリーは、寿司屋、天ぷら屋、割烹のようなこれまで日本酒しか置いていなかった和食店にもオールドを浸透させるべく、「二本箸《にほんばし》作戦」と呼ばれる一大キャンペーンを展開します。「二本箸」は、和食を想起させる「二本の箸」に、当時サントリーの本社が置かれていた「日本橋」をかけたネーミングです。

１９７０年のオールドの新聞広告は、二本箸作戦の狙いを実にわかりやすく表現しています。閉店後の店内のカウンターでオールドを飲む寿司屋の主人。その写真に次のコピーが添えられていました。

十年まえは熱燗で一杯やったものですが……一日のピリオド。黒丸。

このキャンペーンは見事に成功し、この年に１００万ケース（1ケース12本）ほどだったオールドの販売数は、１９７４（昭和49）年に５００万ケースを突破、１９７８（昭和53）年には１０００万ケースの大台に乗ります。そして、１９８０（昭和55）年には、世界の酒類市場空前の１２４０万ケースに達しました。

十年まえは
熱燗で一杯やったものですが……
一日のピリオド。黒丸。
サントリーオールド
「二本箸作戦」で用いられた新聞広告。この作戦以降、ウイスキーを常備する和食店が格段に増えた

なお、二本箸作戦では、ウイスキーを水で割る「水割り」が推奨されました。和食とともに食中酒として飲むこと、また、欧米に比べるとアルコール度数の高い酒に慣れていない日本人に配慮して提

案された水割りは、以降、日本ではスタンダードな飲み方となります。

ちなみに、スコットランドでは水割りという飲み方はほとんどしません。つけ加えるなら、お中元・お歳暮にウイスキーを贈り合うのも日本ならではです。これらの日本固有のウイスキー文化は、1950（昭和25）年から1970年代にかけて築かれました。

◎1971（昭和46）年　輸入洋酒ブームはじまる

昭和の大横綱・大鵬《たいほう》が引退し、東京・銀座三越内に日本マクドナルドの1号店が開店したこの年、ウイスキー業界では大きな変化がありました。アメリカのバーボンウイスキー、フランスのコニャックに続いて、スコッチの輸入が自由化されたのです。翌年には関税も引き下げられ、それまで高級品だったバーボンやスコッチが手の届きやすいものになりました。結果として、輸入洋酒ブームが起きます。

これに対して、輸入ウイスキーに消費者を奪われまいと、サントリーやニッカウヰスキーは品質向上のため蒸留所の新設や設備のてこ入れに取りかかります。また、輸入洋酒ブームで高価格帯のウイスキーが売れるようになったことで、これまで高級ウイスキーづくりに参戦していなかった酒類メーカーも、高級ウイスキーの製造を本格的に開始します。こうした競争の激化が、結果として国産ウイスキーの品質を押し上げ、やがて五大ウイスキーとしての地位を確立するのです。

◎1973（昭和48）年　白州蒸溜所、富士御殿場蒸溜所が誕生

1973年、第四次中東戦争が勃発。原油生産の削減が決定され、オイルショックによりトイレットペーパーの買いだめ騒動が起きました。一方でテレビCMの表現は洗練が進み、外国人スターの起用も増えました。その代表作ともいえるのが、1級ウイスキー「サントリーウイスキーホワイト」のCMです（「ホワイト」はあの「白札」の後継商品です）。

サントリーホワイトのCMに出演したサミー・デイヴィス・ジュニア。彼の出演以降、日本のウイスキーCMに海外の有名人が起用されるケースが増えた

起用されたのはサミー・デイヴィス・ジュニア。若い読者の方のために説明すると、デイヴィスはアメリカの歌手であり、俳優であり、エンターテイナーです。史上最も偉大なシンガーとして名高いフランク・シナトラに見出され、シナトラ一家の一員としてツアーを行なったほか、『オーシャンと十一人の仲間』、西部劇『荒野の3軍曹』『七人の愚連隊』などの

映画にも出演しています。ジョージ・クルーニー、ブラッド・ピットなどが出演し日本でもヒットした『オーシャンズ11』は、『オーシャンと十一人の仲間』のリメイクです。デイヴィスはCMで、ホワイトのボトルをギターに見立てて演奏するふりをしながら、スキャットを披露。その合間にロックをつくって飲み、「ウーン、サントリー！」とつぶやきます。「ウーン、サントリー！」の決めぜりふを、当時の子どもたちはこぞって真似たとか。

このテレビCMは海外でも高く評価され、世界三大広告賞の一つである「カンヌ国際広告祭」（現・カンヌライオンズ 国際クリエイティビティ・フェスティバル）でグランプリを受賞しました。

そしてこの年、ウイスキー業界では重要な出来事が二つ起きています。

一つは、山梨県北杜《ほくと》市にあるサントリーの白州蒸溜所の開設です。のちに、サントリーは同じ白州の地にもう一つ蒸溜所をかまえています。どちらも白州蒸溜所ですが、1973年にできたほうを白州西蒸溜所、あとからできたほうを白州東蒸溜所と我々は呼んでいます。なぜ白州に二つの蒸溜所ができたのか。その理由については156ページで解説します。

さらにもう一つは、静岡県御殿場《ごてんば》市に誕生したキリンシーグラムの富士御殿場蒸溜所です。キリンシーグラムは、キリンビールとカナダの酒造会社シーグラム、イギリスのシーバス・ブラザーズの三社による合弁会社で、1972（昭和47）年に設立されました（2002〔平成

現在のサントリー白州蒸溜所。重厚で華やかな山崎に対し、軽快で穏やかな味わいを持つ。ソーダ割りは「森香るハイボール」ともいわれ、口のなかに爽やかさが広がる

キリンディスティラリー（旧キリンシーグラム）富士御殿場蒸溜所。世界でも珍しいモルトとグレーンの二つの原酒づくりを一カ所の蒸溜所で行なっている

14〕年にキリンビールの100％出資子会社となり、キリンディスティラリーに社名を変更）。

現在の国内の大手ウイスキーメーカー三社とその主要蒸留所が、これで出そろったことになります。

◎1974（昭和49）年 特級ウイスキー「ロバートブラウン」発売

長嶋茂雄《ながしましげお》が現役を引退したこの年、キリンシーグラムの富士御殿場蒸溜所から、特級ウイスキー「ロバートブラウン」がリリースされました。

ロバートブラウンは「富士御殿場蒸溜所の第1号ウイスキー」と謳われていたものの、富士御殿場蒸溜所産の原酒は使われていません。前年に開設されたばかりの富士御殿場蒸溜所には、十分な熟成を経た原酒がなかったからです。発売当初のロバートブラウンの中身は、当時のブレンダーがスコットランド産の原酒を厳選のうえブレンドしたブレンデッドでした。現行品のロバートブラウンにはおよそ20種類の原酒が使われており、そのうち80〜90％が国産、残りの10〜20％が海外から輸入した原酒です。

さて、テレビCMに欠かせないものの一つにCMソングがあります。CMソングはときに、映像やキャッチコピー、あるいは製品そのものよりも、見る者に強い印象を残すことがあります。サントリーのウイスキー関連の広告でいえば、「夜がくる」（正式タイトルは、「人間みな兄弟〜夜がくる」）がその好例でしょう。

この年、サントリーオールドはテレビCM「顔」編を放送しています。老若男女さまざまな人の顔が次々と映し出され、「サントリーがある、顔がある、男がいる、女がいる、明日がある、サントリーがある」というナレーションが入るものでした。

このCMのBGMとして使われて一躍有名になったのが、件の「夜がくる」です。「ランランリラン　シュビラレ」のスキャットではじまるこの名曲に懐かしさを覚える方も多いでしょう。作曲は小林亜星《こばやしあせい》。のちに歌詞があるバージョンも制作され、「夜がくる」はその後もくり返しサントリーのCMに使われています。

◎1975（昭和50）年　ウイスキーの名作CM「雁風呂」

『洋酒天国』を生み出した開高健、山口瞳、柳原良平ら新生・寿屋宣伝部のメンバーは、寿屋を退職したのち、広告会社サン・アドを創業しています。サン・アドはサントリーの広告を数多く手がけ、開高や山口が登場するものもありました。1975年から放送された角瓶のCM「雁風呂《がんぶろ》」編は、山口が出演した作品です。「雁風呂」は、青森県の津軽地方に伝わる伝承です。ナレーションでは次のように説明されています。

月の夜、雁《かり》は木の枝を口にくわえて北国から渡ってくる。
飛び疲れると波間に枝を浮かべ、その上に止まって羽を休めるという。
そうやって津軽の浜までたどり着くと、
いらなくなった枝を浜辺に落として、さらに南の空へと飛んでいく。
日本で冬を過ごした雁は早春のころ
再び津軽に戻ってきて自分の枝を拾って北国へ去ってゆく。
後には生きて帰れなかった雁の数だけ枝が残る。
浜の人たちはその枝を集めて風呂を炊き、
不運な雁たちの供養をしたのだという。

右のナレーションに合わせて、山口が地元の人と焚き火を囲んで飲むシーンや、雁のカットが流れるというつくりでした。ＣＭの最後に山口の独白が入ります。「哀《あわ》れな話だなあ。日本人って不思議だなあ」。

角瓶をストレートに訴求する代わりに、角瓶の世界観を示したなんとも文学的な作品です。このテレビＣＭは日本を代表する広告賞「ＡＣＣ広告賞」を受賞しました。

ちなみに、同年ニッカウヰスキーは１級ウイスキーの「ＢＬＡＣＫ－50」をリリース。ブラックニッカの若者向けという位置づけで、黒いボトルに黒いラベル、文字は白というモノトーンなデザインがしゃれていました。

◎1976（昭和50）年　各界の大物がそろい踏み

戦後最大の汚職事件ロッキード事件が起こり、テレビ朝日系列で『徹子《てつこ》の部屋』の放送がスタートしたこの年、ウイスキーの広告には各界の大物が登場しています。

ニッカウヰスキーG&G黒びんのCMに出演したオーソン・ウェルズ

ニッカウヰスキーは、「G&G　白びん」の後継品である「G&G　黒びん」のテレビCMにオーソン・ウェルズを起用。ウェルズはアメリカを代表する映画監督であり、俳優でもあります。代表作は『市民ケーン』『上海から来た女』『黒い罠《わな》』『第三の男』など。

CMのウェルズは葉巻をくゆらせ、合間にG&G　黒びんを飲みながら、「映画づくりでいつも目指しているのは『完璧』。しかし、いまだに夢だ」と語ります。BGMは『第三の男』のテーマ曲。といってもピンとこない

サントリースペシャルリザーブのCMに出演した黒澤明

方も、ヱビスビールのＣＭ曲、あるいは、ＪＲ恵比寿駅の発車メロディといえばわかるでしょう。

ニッカウヰスキーのウェルズに対抗して、というわけではないでしょうが、サントリースペシャルリザーブのＣＭには黒澤明《くろさわあきら》監督が登場。映画『影武者』を撮影する様子が放送されました。このほか、黒澤監督が『ゴッドファーザー』『地獄の黙示録』で知られるフランシス・フォード・コッポラ監督と共演するものもあり、映画ファンにはたまらない組み合わせだったのではないでしょうか。黒澤監督は大のウイスキー党で、そのせいかどうかはわかりませんが、サントリーの別のウイスキーの広告にも登場しています。

出演者の豪華さという点では、キリンシーグラムも負けてはいません。ロバートブラウンの広告に起用されたのは、芸術家の岡本太郎《おかもとたろう》です。ロバートブラウンを1本買うと、岡本がデザインした「顔のグラス」がもらえるというキャンペーンも行なわれ、「太陽の塔」を彷彿とさせる顔がデザインされたグラスは、大いに評判となりました。

また、ニッカウヰスキー、サントリー、キリンシーグラムが華々しい広告を展開するなか、三楽《さんらく》オーシャンは、国内初となるシングルモルト「軽井沢」をリリースしています。「軽井沢」は、大黒葡萄酒が所有していた長野県軽井沢の蒸留所で製造されたシングルモルトです。

ニッカウヰスキー、サントリーとともに戦後のウイスキーブームを牽引してきた大黒葡萄酒は、１９６１（昭和36）年、オーシャンに社名を変更。翌年に三楽酒造に買収され、三楽オーシャンとなりました（その後メルシャンに社名変更）。

詳しくは第3章で説明しますが、この時期にシングルモルトがリリースされたというのは、本当にすごいことです。「軽井沢」はクオリティも素晴らしく、海外の品評会で幾度となく賞を受賞しています。しかし、残念ながら蒸留所は２０１２年に完全閉鎖。軽井沢蒸留所のウイスキーは今、入手困難な人気銘柄となっています。

◎シングルモルト軽井沢
三楽オーシャンから発売された国内初のシングルモルト。後継のメルシャンは、現在はキリンホールディングスの傘下に入っている

なお、戦後からここまで、国内のウイスキー消費量を押し上げてきたのはまず3級、3級がなくなったあとは2級ウイスキーでした。しかし、特級ウイスキーの消費量が2級をついに追い越し、この年にはトップになっています。

◎1979（昭和54）年　キリン「エンブレム」をリリース

ソニーからヘッドホンステレオ「ウォークマン」が発売され、村上春樹《むらかみはるき》が『風の歌を聴け』で群像新人賞を受賞した1979年。サントリーはサントリーオールドのCMで開高健シリーズを展開します。このシリーズ誕生にはちょっとした裏話があります。

開高健と、サントリー二代目社長・佐治敬三との交誼《こうぎ》は、開高がサントリーを退社したあとも続いていました。1979年、開高は『週刊朝日』の企画で南北アメリカ大陸を縦断することになります。そのとき、開高は佐治に「ふところが淋しまんので、ナンとかなりませんやろか」と手紙を書き、佐治はCMを撮ることを条件に面倒を見たのだとか。

そうしてできあがったのが、開高がアラスカのフラッグ・ストップトレインに乗る「アラスカ」編、摩天楼《まてんろう》を背にハドソン川で体長1mを超えるブルーフィッシュを釣りあげる「ニューヨーク」編でした。大学時代は探険部に所

開高健が出演した「ニューヨーク」編のCMカット

属し、釣りをこよなく愛する私は、開高のこのＣＭを大変うらやましく思いながら見ていた記憶があります。

同年、キリンシーグラムは特級ウイスキー「エンブレム」を発売。そのＣＭには、当時伝説的な人気を誇った漫才師、横山やすしが起用されました。特級ウイスキーのＣＭにお笑い芸人とはなんだか意外ですが、お笑いシーンは一切なし。テレビ局の編集室のような場所で自身の映像を見ながら、横山が真剣な面持ちでウイスキーを飲むという演出で、「男が、仕事です。」というコピーでした。

オールドのＣＭも、エンブレムのＣＭも単に製品を推すのではなく、男としての生き方を示唆するような内容となっています。ウイスキーは男の飲み物であり、ウイスキーを飲む男はかっこいい——。そういう時代だったのかもしれません。

キリンシーグラムのエンブレムのCMに出演した横山やすし

さて、この年はウイスキー業界にとって悲しい出来事がありました。鳥井信治郎とともに本格国産ウイスキーを世に送り出し、ニッカウヰスキーを立ち上げた竹鶴政孝が亡くなったのです。享年85歳。まさにウイスキー一筋の人生でした。

政孝が亡くなると、二代目社長の竹鶴威はG&Gをハケに含ませ、政孝の唇を湿らせたそうです。死に水にウイスキーとは、なんともらしいではありませんか。けれどこの話には続きがあり、「1日1本以上飲む人だから、唇を湿らせるだけでは満足しないだろう」と思い直した威は、ご遺体にG&Gを1本丸ごと振りかけたそうです。粋な計らいに、政孝翁も喜んだことでしょう。北海道余市の地で、政孝は妻のリタとともに静かに眠っています。

1980年代
ジャパニーズウイスキーのピークとそれから

1950年代半ばから約20年続いた高度経済成長を経て、1980年代、日本は安定成長時代に突入。人々が快適で楽しい生活を求めるなか、1983（昭和58）年、ウイスキーの消費量はピークを迎えます。

◎1980（昭和55）年 すこし愛して、ながく愛して。

世界のホームラン王といわれた王貞治《おうさだはる》と70年代のトップアイドル山口百恵《やまぐちももえ》が引退したこの年、サントリーオールドの販売量が１２４０万ケースに達しました。この記録は、単一ブランドの販売量としては世界一であり、40年経つ今も破られていません。

このころ（といっても、実際は１９８１〔昭和56〕年の創刊からですが）、私は写真週刊誌『フォーカス』の記者でした。当時、ウイスキーは贈答品でもあり、お中元お歳暮には欠かせないものでしたが、私たちは取材の謝礼として、取材先にウイスキーを送ることもありました。謝礼としてのウイスキーにはランクがあり、一般的な謝礼であればオールド、今後も何か情報を引き出せそうな相手にはサントリーリザーブ、社会的な地位があり、つながっていて損はない相手にはサントリーローヤルを贈ったものです。ちなみに、ローヤルの上はスコッチのオールドパー、最上級がシーバスリーガルでした。当時のウイスキーの序列をなんとなくご理解いただけるでしょうか。

話を元に戻しましょう。

オールドがピークを迎えたこの年、サントリーレッドのＣＭ「すこし愛して、ながく愛し

大原麗子出演のサントリーレッドの広告。大原は約10年、サントリーの CM に出演した

て。」シリーズがスタートしました。愛しい男性に振り回されつつも、健気に尽くす女性を演じたのは女優・大原麗《おおはられい》子《こ》。監督はドラマ『木枯し紋次郎《もんじろう》』、映画『ビルマの竪琴《たてごと》』などで知られる市《いち》川崑《かわこん》でした。別バージョンの「ときどき隣りに、おいといて。」とともに、ご記憶の方も多いでしょう。このCMは大いに評判を呼び、サントリーレッドの人気をあと押ししました。

　また、角瓶はCMキャラクターにシンガーソングライターの井上陽水《いのうえようすい》を起用。キッチンや風呂場で井上陽水が角瓶を飲み、「角はいつか見た　男の青空です」「角は　なんつうか　心のご飯です」というナレーションが入るというものでした。どこか退廃とした演出に、かえって都会の雰囲気が感じられるシリーズでした。

　さらに、ローヤルは1980年から1982（昭和57）年にかけて、「世界の文豪シリーズ」を展開。アーネスト・ヘミングウェイやジョン・スタインベックといった文豪の作品を題材にした映像が流れ、「男はグラスの中に、自分だけの小説を書く事が出来る」のキャッチコピーで締めくくられました。

一方のニッカウヰスキーは、スーパーニッカのCMに谷村新司《たにむらしんじ》の曲を採用しています。谷村の代表曲の一つ「昴《すばる》」です。「昴」はこのCMのためにつくられた歌なのです。中国でも有数の絶景の地・桂林《けいりん》の雄大な映像に合わせて、名曲「昴」が流れるスケールの大きな作品でした。

振り返ってみると、1980年は音楽関係者をCMに起用するのがトレンドだったのかもしれません。キリンシーグラムのロバートブラウンのCMには、世界的に有名なトランペッター、ハーブ・アルパートが登場。浜辺やプールサイド、あるいは邸宅のなかで、アルパートが仲間とともに演奏したり、ウイスキーを飲み交わしたりする様子は、今見ても洗練されています。

アルパートが出演するシリーズは1986（昭和61）年ころまで続き、CMに採用された彼の楽曲は、日本の多くの音楽ファンをとりこにしました。ちなみに、ラジオ番組『オールナイトニッポン』のテーマソング「Bitter Sweet Samba」もアルパートの作品です。

◎1981（昭和56）年　シルクロードシリーズがスタート

1980（昭和55）年、NHKのドキュメンタリー番組『シルクロード――絲綢之路《しちゅうのみち》――』がスタートしました。番組は、喜多郎《きたろう》が作曲したテーマ曲「絲綢之路　シルクロードのテーマ」とともに大ヒット。これを機に日本はシルクロードブームに沸きます。

シルクロードを扱った広告も増え、その筆頭が、１９８１年からはじまったサントリーオールドの「夢街道シルクロードシリーズ」でした。古くから「文明の十字路」と呼ばれたオアシスの町で暮らす人々を映し出した「カシュガル」編と、過酷な砂漠のなかで営まれる生活にスポットを当てた「トルファン」編があり、当時、27歳だった私もシルクロードへの憧れをかきたてられたものです。

同年、サントリーはもう一つ、傑作ＣＭを世に送り出しています。カンヌ国際広告祭で金賞を受賞した、トリスの「雨と犬」です。雨の京都を彷徨《さまよ》う子犬を追った情緒的な映像に、「いろんな命が生きているんだなあ。元気で、とりあえず元気で、みんな元気で。」というナレーション、そして、「トリスの味は人間味」のコピー。不朽の名作です。当時のテレビＣＭをこうして思い出していると、「昔のＣＭはよかった……」とつい思ってしまいます。年のせいでしょうか。

さてこの年、サントリーは白州の地に蒸留所を新設しています。これで白州蒸溜所には二つの蒸溜施設ができたことになります。一つは、１９７３（昭和48）年に建てられた通称「白州西蒸溜所」、もう一つがこの年にできた「白州東蒸溜所」です。なぜ、白州に二つの蒸溜所ができることになったのでしょうか。

サントリーは長らく、モルトウイスキーは山崎蒸溜所でのみつくっていました。しかし、オールドの売り上げが伸びに伸び、また、ウイスキーのラインナップが増えたこともあって、山崎蒸溜所だけでは原酒の仕込みが追いつかなくなりました。そこで、第二のモルトウイスキー蒸留所をつくることにしたのです。

二代目社長であり、二代目マスターブレンダーも務めた佐治敬三は、第二のモルトウイスキー蒸留所の建設地を決めるにあたり、特に水にこだわったといいます。南アルプスの花崗岩《かこうがん》層で磨かれた白州の水は、キレのよい軟水です。佐治も、当時のチーフブレンダーもこの天然水に惚れ込み、西蒸溜所を建設しました。

サントリーオールド「夢街道シルクロードシリーズ」の広告

ところが、西蒸溜所でつくられた原酒は佐治らが求める酒質ではありませんでした。おそらく、蒸留器が巨大で、しかもスチームによる間接加熱のせいで酒質が軽くなりすぎたのでしょう。西蒸溜所の原酒をこのまま使い続けることはできない。そう判断して、白州東蒸溜所が新たに建てられることになったのです。こちらは蒸留器のサイズも小さくし、しかも昔ながらの直火による直接加熱の蒸留に戻しました（間接過熱、直接加熱については247ページを参照）。これが現在の白州蒸溜所で、1973年に竣工した西蒸溜所は以来使われなくなりました。オールドは1980年に販売量のピークを迎えてからは下降の一途をたどります。これはおそらく、ブレンドに使われていた白州西蒸溜所の原酒が今ひとつだったことも一因ではないでしょうか。白州東蒸溜所の原酒が十分に熟成されたころには、オールドはおろか、ジャパニーズウイスキー全体の消費が低迷。オールドの販売量が持ち直すことはありませんでした。

現在、白州蒸溜所といったら白州東蒸溜所を指します。蒸溜所見学はもちろん、広大な敷地では森林浴やバードウォッチングも楽しめます。機会があれば、ぜひ一度足を運んでみてください。

◎1982(昭和57)年 菅原文太とロッド・スチュワート

今やめっきり使う機会が減ったテレホンカードの発売が開始されたこの年、サントリーオールドとサントリーホワイトのCMはずいぶんと対照的でした。

オールドのCMに登場するのは若く美しい男たち。引き締まった体をさらして砂浜を駆けます。添えられたコピーは「水がある、氷がある。」。夏にオールドの水割りをすすめる内容ですが、若者向けの作品に仕上がっているところに注目です。

一方、ホワイトのCMキャラクターを務めたのは、『仁義なき戦い』シリーズで東映を代表す

サントリーホワイトの広告に出演した菅原文太。のちに菅原は「サントリーホップス」というビールのCMにも出演した

るスターとなっていた菅原文太《すがわらぶんた》でした。荒れる海や夜桜、手筒花火をバックにホワイトを飲み、「飲む時は、ただの人。のぅ」「社長さんも　大臣も　飲む時はただの人じゃけぇ。のう」「あんたも発展途上人」というナレーションが本人の声で入るというもの。オールドとはまるで違います。

また、ニッカウヰスキーのCMもユニークでした。ブラックニッカの若者向けブランド「BLACK-50」のCMキャラクターに起用されたのは、あのロッド・スチュワートです。スチュワートはスコットランド系イギリス人ということなので、ウイスキーのCMに適任だったといえるかもしれません。CM登場時、スチュワートは36歳。ヒョウ柄のピタピタのパンツを履き、サッカー場でゴールに向かってボールを蹴るだけなのに、驚くほどかっこよく見えました。

◎1983（昭和58）年 ウイスキーの消費量がピークに

NHKの朝の連続テレビ小説『おしん』に、最終回で視聴率45・3％を叩き出したTBS系列の『積木《つみき》くずし―親と子の200日戦争―』と、ドラマがヒットを飛ばした1983年。歴代のサントリーローヤルのCMのなかでも傑作と名高い「世界の偉人」シリーズがはじまります。第1弾は「ランボー」編。フランスの天才詩人、アルチュール・ランボーを題材にした作品なのですが、映像がなんとも摩訶不思議なのです。

砂漠のなか、大道芸人と動物が隊列を組み、それぞれが芸を披露するというものでした。そこに、次のようなナレーションが流れます。

その男は一人で立っていた
十代で天才詩人
十代であふれる才能を放棄
二十代は放浪
そして砂漠の商人

［表7］ウイスキーの国内消費量

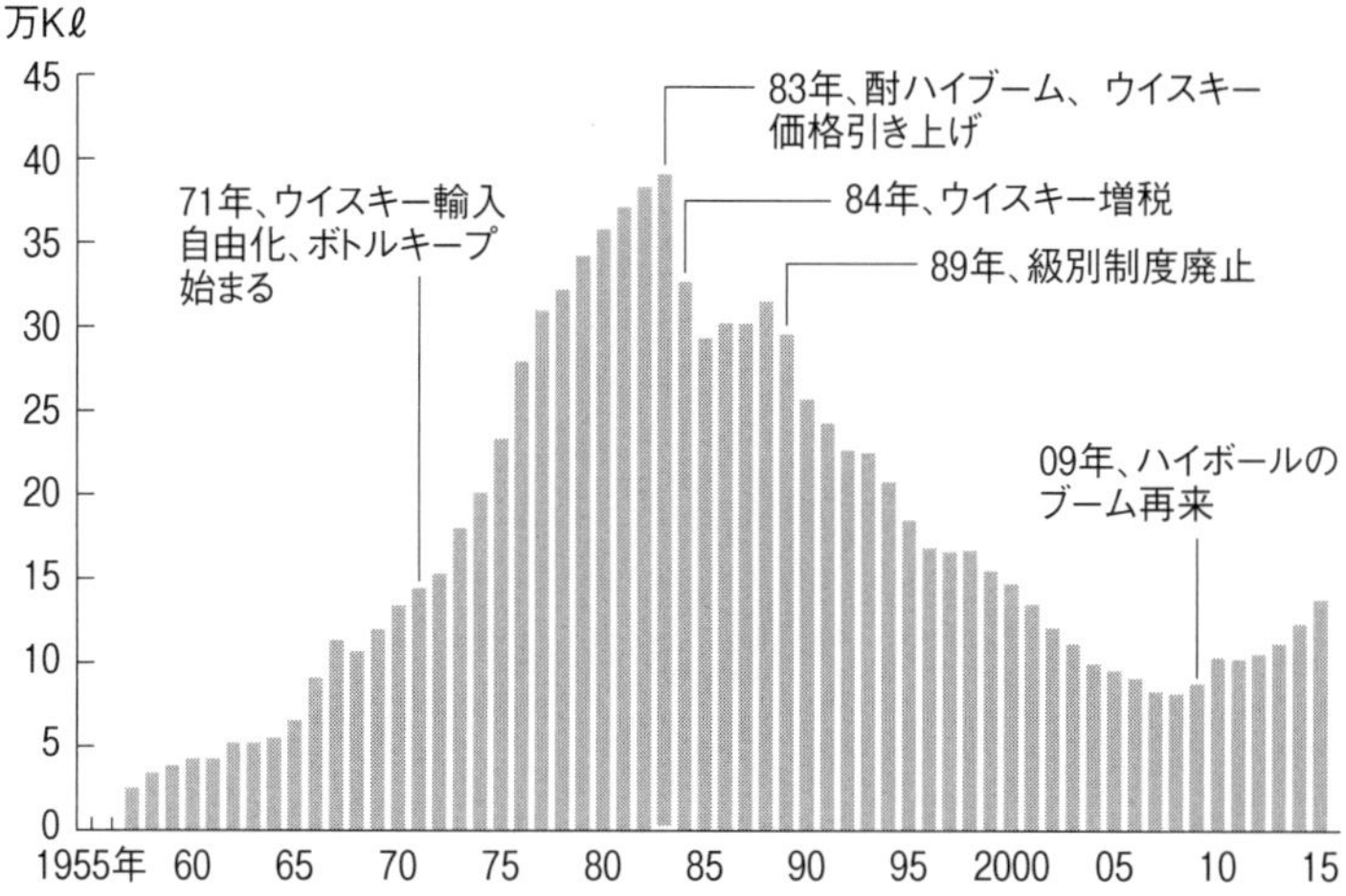

国税庁の統計などをもとに作成

永遠の詩人ランボー
あんな男ちょっといない
サントリーローヤル

製品カットは最後のおよそ5秒のみ。CMというよりは、ちょっとした芸術作品のようでした。全体に漂《ただよ》う幻想的な雰囲気が妙に印象に残っているという方もいるかもしれません。世界の偉人シリーズはその後、「ガウディ」「マーラー」と続きました。

この年、表7のとおり、国内のウイスキー消費量が最高を記録します。その量、約38万kℓ。ここをピークに、ウイスキー消費量は下降線をたどります。

◎1984（昭和59）年　シングルモルト時代の幕開け

現在人気のシングルモルトとは、単一の蒸留所のモルト原酒を混和したウイスキーをいいます。１９７６（昭和51）年に三楽オーシャンが、サントリー、ニッカウヰスキーに先駆けて「軽井沢」をリリースしましたが、依然として主流はブレンデッドでした。しかし、グリコ・森永事件が世間を震撼《しんかん》させたこの年、ブレンデッドの強力な牙城《がじょう》を崩すべく、二つのシングルモルトが誕生しています。

それが、サントリーの「ピュアモルトウイスキー山崎」と、ニッカウヰスキーの「シングルモルト北海道」です。どちらも特級ウイスキーでした。

サントリーの二代目佐治敬三社長は、「価値観が多様化する時代には、個性の強いシングルモルトが好まれる」との考えから、ピュアモルトウイスキー山崎をリリース。その味わいは華やかで奥深く、日本人好みでありながら、はっきりとした個性が感じられるものでした。この風味にたどり着くために、当時のチーフブレンダーは実に２５００丁の原酒樽を利き酒したという逸話が残っています。なお、当初サントリーでは、シングルモルトではなく「ピュアモルト」という呼称を使っていました。シングルモルトという呼称がまだ一般的ではなかったからでしょう（現在は、ピュアモルトといえば主にブレンデッドモルトを意味します）。

一方のシングルモルト北海道は、創業50周年を記念して発売されたニッカウヰスキー初のシングルモルトです。余市蒸溜所で製造され、12年以上熟成されたモルト原酒のなかから特にすぐれた原酒を選んでつくられたシングルモルト北海道は、容量700㎖で価格は1万2000円。高価格が災いしたのか、ニッカウヰスキーの二代目竹鶴威社長は「当時はさほど人気があったわけではなく……」と述懐しています。

売り上げは振るわなかったにせよ、この時期に、サントリーとニッカウヰスキーがシングルモルトを発売した意義は非常に大きかったといえます。

◎ピュアモルトウイスキー山崎
当時は瓶の表記もSINGLE MALTではなく、PURE MALTであった

このころ、ジャパニーズウイスキーが手本としていたスコッチは冬の時代を迎えていました。消費量は激減し、蒸留所はどこも経営難状態。閉鎖を余儀なくされた蒸留所もありました。スコッチの窮状を、佐治社長も威社長も当然知っていたでしょう。ジャパニーズウイスキーも、いずれスコッチと同じ道をたどるかもしれない――。そんな経営者としての勘が、シングルモルトという新しい一手に取り組むきっかけとなったのではないで

しょうか。

同時期のスコットランドでは、シングルモルトはほとんど出回っていませんでした。1963年にグレンフィディックが世界ではじめてシングルモルトを発売こそしていますが、明確にスコッチのシングルモルトが知名度を獲得するようになるのは1987年以降。スコッチ業界の最大手UD社（ユナイテッド・ディスティラーズ社）がクラシックモルトシリーズという、シングルモルトをリリースしてからです。

つまり、シングルモルトをプッシュし始めたのは、日本のほうが早かったということになります。もし、この時期にシングルモルトというタネがまかれていなかったら、2008（平成20）年以降のジャパニーズウイスキーのV字回復はなかったかもしれません。


さてこの年、ニッカウヰスキーはもう一つ、「ピュアモルト」をリリースしています（こちらはブレンデッドモルトです）。ブラック、レッド、ホワイトの3種類があり、ブラックは余市蒸溜所のモルト、レッドは宮城峡蒸溜所のモルト、ホワイトはスコットランドのアイラ島のモルトが主体でした。

当時の宣伝コピーは「おいしいウイスキーを知っています。」と実にストレート。ボトルデザインも洗練されていて、首が短い丸形のボトルにシルバーのキャップ、製品名や製造元が簡潔に書かれた模造紙色のラベルは、無印良品の製品を彷彿とさせます。ウイスキーとしては珍しいシンプルなデザインに惹かれ、手に取った若い世代も多かったようです（実は私もその一人で、３本を買って飲み比べたりしていました。ホワイトだけが、どうしても好きになれませんでしたが）。

◎１９８５（昭和60）年　リー・ヴァン・クリーフ、友を語る

この年、御巣鷹山《おすたかやま》に日航ジャンボ機が墜落。多くの犠牲者を出し、社会に大きな衝撃を与えました。一方、男女雇用機会均等法が制定されたり、ＮＴＴが携帯電話「ショルダーフォン」を発売したりと、日本人の働き方や暮らしが大きく変わる出来事が起きた年でもありました。

◎フロム・ザ・バレル
濃厚にして繊細な味わいを持ち、コストパフォーマンスのよさからファンも多い

そんななか、ニッカウヰスキーは「フロム・ザ・バレル」を発売します。フロム・ザ・バレルの特徴は、熟成を経たモルト原酒とグレーン原酒をブレンド後、もう一度樽に詰め、数カ月ほど再貯蔵している点。さらに加水を最小限にとどめ、アルコール度数51％で瓶詰めしています。フロム・ザ・バレルはその後、世界的な品評会で高く評価され、現在も販売されています。

前年にシングルモルトをリリースしたとはい

え、サントリーもニッカウヰスキーも、ウイスキーの屋台骨はブレンデッドです。サントリーは、サントリーホワイトのCMキャラクターにアメリカのジャズピアニスト、ハービー・ハンコックを起用。ハンコックが代表曲「Watermelon Man」と「Maiden Voyage」を弾く二つのパターンに加えて、ベーシストのロン・カーターと共演するバージョンもありました。映像は演奏している様子が中心で変わった演出があるわけではないのですが、それがとにかくかっこいいのです。

サントリーオールドCMに出演したリー・ヴァン・クリーフ

サントリーオールドのCMには、西部劇俳優のリー・ヴァン・クリーフが出演。名曲「夜がくる」をバックに、グラスを傾けながら友について語る姿が渋かったのを覚えています。CMタイトルは「MY OLD FRIEND」編。オールドも我々のよき友になりうる、そんなメッセージが込められているのでしょう。

なお、本坊酒造はこの年、長野県宮田村《みやだむら》に信州工場を新設しています。1980年代、日本では地ウイスキーブームが起きていました（詳しくは第3章で取り上げます）。

◎1986(昭和61)年 日本がスコットランドの老舗蒸留所を買収

バブル景気がはじまったこの年、スーパーニッカのテレビCMは実に格調高いものでした。世界的なソプラノ歌手キャスリーン・バトルが、アリア「オンブラ・マイ・フ」を湖畔《こはん》で独唱する映像を、鮮明に覚えている方もいるのではないでしょうか。

当時、バトルは日本ではまったく無名でした。しかし、このCMがきっかけとなって一躍時の人となり、同曲を収録したLPは、クラシック部門では異例の大ヒットとなったそうです。CMを演出したのは『ウルトラマン』『ウルトラセブン』『怪奇大作戦』などで知られる実相寺《じっそうじ》昭雄《あきお》監督。実相寺監督がオペラに造詣が深いことは、熱心なファンの間では有名な話だったとか。

さて、1986年もウイスキー業界では大きなニュースがありました。宝酒造・大倉商事によるトマーティン蒸留所の買収です。このころスコッチは大いに低迷し、ウイスキーメーカーはどこも息も絶え絶えといったありさま。1897年創業のトマーティン蒸留所も同様でした。対して日本はバブル景気で大盛り上がり。日本企業による海外企業の合併・買収が相次ぎました。だからといって、日本の酒類メーカーがスコットランドの由緒ある蒸留所を買収するとは、誰も予測だにしていなかったでしょう。以降、日本企業によるスコットランドの蒸留所の買収がたびたび起きます。

◎1987（昭和62）年　ワンフィンガー、ツウフィンガー

１９８７年3月、安田火災海上保険がゴッホの傑作「ひまわり」を53億円で落札しました。バブルを象徴する出来事の一つといえるでしょう。大人たちがバブルに浮かれるなか、子どもたちはビックリマンシールに夢中になっていました。

さて、この時期に流行した「ワンフィンガー」「ツウフィンガー」というい い方を、今の若い方は知らないかもしれません。ワンフィンガーは水割りのシングル、ツウフィンガーはダブルの目分量を示しています。２４０㎖くらいのタンブラーの側面に指をあて、底から指１本分の深さにウイスキーを注ぐとシングル、指2本分でダブルとなることから、それぞれワンフィンガー、ツウフィンガーと呼んだわけです。

この呼び方を広めるきっかけとなったのがサントリーオールドのＣＭです。作家の村松友視《むらまつともみ》が出演し、キャッチコピーは、「ワンフィンガーで飲《や》るもよし。ツウフィンガーで飲《や》るもよし。」。「ワンフィンガー」「ツウフィンガー」は翌年の新語・流行語大賞の流行語部門・大衆賞を受賞しました。

また、サントリーがサントリースペシャルリザーブをリニューアルしたのもこの年です。広

告にも思い切って資金を投入し、アメリカの名優ミッキー・ロークを起用。ロークはＣＭでひと言もしゃべりません。けれども絵になる。さすが名優です。翌年にはサントリーオールドもリニューアルし、広告には作家の村上龍《むらかみりゅう》が登場しています。

◎1989(平成元)年 ニッカ、ベンネヴィス蒸留所を買収

1989年1月7日、昭和天皇が崩御《ほうぎょ》され、翌8日より元号が平成となりました。ほかにも、消費税（3％）のスタートにリクルート事件、美空《みそら》ひばりの逝去と、激動の一年でした。ベルリンの壁崩壊、天安門《てんあんもん》事件など海外でも大きな出来事が起きています。

ウイスキー業界にとっても変化の年となりました。

まず、酒税法の大幅改正により、長らく続いた級別制度が廃止になりました。特級、1級、2級という表記がなくなったのです。これにより、旧特級と旧1級は減税となり価格がダウン。逆に、旧2級は増税となり価格が上がりました。

級別制度の廃止により、大きな被害を被ったのが地ウイスキーメーカーです。旧2級ウイスキーは、その安さが売りです。しかし、増税となり価格が上がってしまったため、売り上げが激減。旧2級ウイスキーをメインに扱っていた地ウイスキーメーカーの多くが、1989年から1990年代前半にかけて事業の撤退を余儀なくされます。

◎シングルモルト余市とシングルモルト仙台宮城峡

一方で、従来の級別では特級に分類されていた輸入ウイスキーの価格が下がり、手が届きやすくなりました。これはつまり、サントリーとニッカウヰスキーにとっては競合が増えることを意味します。

そんななか、ニッカウヰスキーがスコットランドのベンネヴィス蒸留所を買収するとのニュースが流れました。ベンネヴィスは創業１８２５年の歴史ある蒸留所ですが、スコッチ不況により閉鎖となっていました。ニッカウヰスキーは地元の人たちの反感を恐れ、自社の名前を伏せて買収を進めていたとか。しかし実際には、現地の人々は「日本のニッカウヰスキーがベンネヴィス蒸留所を再稼働させてくれる」と買収を歓迎したそうです。

二代目社長の竹鶴威はこの買収について、「スコッチに追いつき追い越せを目標にしてきた父は、まさかニッカが私の代になってスコッチの蒸留所を買収するとは思っていなかっただろう」と述べています。

さらにニッカウヰスキーは、「シングルモルト余市」「シングルモルト仙台宮城峡」を発売。

また、ニッカがシングルモルトのラインナップを増やすなか、創業90周年を迎えたサントリーは、ブレンデッドウイスキー「響」をリリースしています。二代目社長の佐治敬三が、最高峰と呼ぶにふさわしいウイスキーを目指し、これまでの技術を結集させた逸品です。当時のキャッチコピーは「ハーモニーの、日本です」。このキャッチコピーは、響という製品名と、響がブラームス作曲の「交響曲第1番」の第4楽章をイメージしてつくられたという逸話に由来しているのでしょう。

佐治の父親であり、サントリー初代社長の鳥井信治郎が最後に手がけたウイスキーがサントリーローヤルでした。佐治は父のローヤルを超えるウイスキーとして、響を送り出したのかもしれません。長らくジャパニーズウイスキーの頂点に君臨していたローヤルを超え、なおかつ、世界の名だたるウイスキーと勝負できるブレンデッドをつくりたい。そんな思いがあったのではないでしょうか。佐治の熱い想いが込められた響は、のちに数々の品評会で受賞しています。

さて、この年は、かの有名なウイスキーのキャッチコピーが生まれた年でもあります。

なにも足さない。なにも引かない。

ピュアモルトウイスキー山崎のコピーです。皆さんは、このコピーについて不思議に思ったことはありませんか。山崎はシングルモルトなので、「なにも足さない」は、「グレーン原酒や醸造アルコールなどを足さない」という意味だと解釈できます。では、「なにも引かない」とはどういうことなのでしょうか。

このコピーを手がけたのは、コピーライターの西村《にしむら》佳《よし》也《なり》さんです。西村さんのインタビュー記事によると、「なにも引かない」には特別な意味はなく、ピュアという単語が持つ、ありのまま、そのままというイメージを表現したくてつけ足したのだそうです。確かに、シングルモルトの魅力をこれほど的確に表現したコピーはほかにありません。

当時のピュアモルトウイスキー山崎の広告

サントリーホワイトのCMも秀逸でした。出演したのは、盲目の歌手であり、ピアニストでもあるレイ・チャールズです。チャールズがサザンオールスターズのヒット曲「いとしのエリー」を英語でカバーし、ピアノで弾き語りする姿がお茶の間を魅了。レイが歌った「いとしのエリー」のカバー曲も大ヒットし、オリコンチャートで3位にランクインしたほどです。

1950年代から1980年代までのウイスキーの動向を、広告とともに振り返ってきましたが、いかがだったでしょうか。有名スターをたびたび起用した広告からは、戦後からバブル景気までの、ウイスキーの勢いや華やかさが感じられます。

しかし、その実、ウイスキーの国内消費量は1983（昭和58）年を境に減少に転じ、ウイスキー離れが少しずつ進んでいきました。次章では、ウイスキーの凋落と近年のクラフトウイスキーブームまでの流れを解説します。

第3章

ジャパニーズウイスキー躍進の秘密

今最もおもしろいジャパニーズウイスキー

現在、世界中でウイスキーブームが起きています。なかでも活況なのが、アメリカのクラフトビールブームからはじまったクラフトウイスキーです。クラフトウイスキーの波はスコットランド、アイルランド、さらには日本へも打ち寄せ、国内の各地でクラフト蒸留所が誕生しています。

日本のクラフトウイスキーは、すでに海外から高い評価を得ています。とりわけ、肥土《あくと》伊知《いち》郎《ろう》さんが創業したベンチャーウイスキーの「イチローズモルト」は世界中に熱心なファンがいます。

ベンチャーウイスキーは、埼玉県の秩父《ちちぶ》市に蒸留所をかまえるクラフトウイスキーメーカーです。2019年8月に行なわれた香港ボナムスのオークションでは、イチローズモルトのカードシリーズ54本セットが、約9750万円（719万2000香港ドル）で落札されました。これは日本産ウイスキーの落札額としては過去最高となります。

カードシリーズは、それぞれ異なる樽で熟成された原酒が瓶詰めされています。ボトルにはトランプのカードを模したラベルが貼られ、２００５（平成17）年から２０１４（平成26）年にかけて順次発売されました。54本すべてがそろったフルセットは世界に数セットしかないといわれ、とても貴重です。そうはいっても、発売時の価格は１本平均で１万５０００円、54本そろえても81万円です。それがおよそ１２０倍になったわけですから、いささか異常にも思えます。

◎イチローズモルト　カードシリーズ
トランプの枚数同様にフルセットで54本からなる。香港のオークションでの落札額は大きな話題を呼んだ

一方、大手メーカーも負けてはいません。２０２０年、サントリーが「山崎55年」の発売を発表すると、テレビや新聞などで大きく取り上げられました。山崎55年について、サントリーのホームページでは次のように説明されています。

山崎蒸溜所で55年以上熟成を重ねた希少な山崎モルト原酒の中から、１９６４年蒸溜のホワイトオーク樽原酒や１９６０年蒸溜のミズナラ樽原酒など、熟成のピークを迎えた原酒を厳選し、匠の技で丁寧にブレンドしました。

価格は1本300万円で100本限定。予約が殺到することが予想されたため、抽選販売という形が取られました。

「1本300万円のボトルに注文が殺到するなんてことがあるの？」と、びっくりされた方もいるでしょう。けれど、昨今のウイスキー人気を少しでも知っている方なら、抽選販売もやむなしと思ったはずです。私自身、1万件の申し込みがあってもなんら不思議はないと思っていました。

サントリーは2005年に山崎50年を50本限定で発売しています。価格は100万円。これが、2018（平成30）年に行なわれた香港サザビーズのオークションに出品され、約3800万円で落札されたのです。山崎55年をオークションに出せば5000万円くらいの値はつくでしょう。今、ウイスキーは投資の対象にもなっています。ゆえに、応募数が1万件を超えることもありうるといったのです。新聞社や週刊誌からの問い合わせにも、そのように回答していました。

ところが、です。

応募受付が終了したある日、サントリーの関係者からこういわれてしまいました。「土屋さん、申し込み件数は1万どころじゃありませんでしたよ。実際には20万件の応募がありました」。ジャパニーズウイスキーの人気を、誰よりも私が過小評価していたようです。

ただ、ジャパニーズウイスキーはずっと順調だったわけではありません。1984（昭和

59）年から2008（平成20）年にかけて、国内のウイスキー市場は大きく落ち込みました。何をつくっても、どう宣伝しても売れない。そんな冬の時代があったのです。

オールドショックとウイスキーの低迷

1983（昭和58）年、国内のウイスキー類の消費量が約38万kℓに達しました。その後、バブル景気に乗ってウイスキーはさらなる躍進を見せるかと思いきや、市場は低迷します。その一つの象徴的な出来事が「オールドショック」です。

1950（昭和25）年の登場以来、戦後のウイスキーブームを牽引したのは間違いなくサントリーオールドでした。特に1970年代の販売量の伸びはすさまじく、1974（昭和49）年に5万ケースだった販売量は4年後の1978（昭和53）年には1000万ケースの大台に乗り、1980（昭和55）年には1240万ケースという、世界記録を達成しました。

ところが、1980年を境に販売量は減少に転じます。理由は三つあります。

一つは小売価格の値上がりです。相次ぐ増税によって、1978年には2350円だったオールドの価格は1984（昭和59）年には3170円になり、値ごろ感が失われてしまいました。

二つめは味の低下です。第2章で触れたように、サントリーが1973（昭和48）年に新設した白州西蒸溜所の原酒は酒質が軽すぎました。その西蒸溜所の原酒をオールドに使ったことで、一時的にオールドの味が落ち、消費者離れが進んだのです。

三つめは焼酎・チューハイブームです。当時、焼酎の酒税は低く抑えられており、ウイスキーに比べてお手ごろ感がありました。加えて、すっきりとして飲みやすい新製品が次々に発売され、焼酎をソーダで割ったチューハイも登場。焼酎やチューハイを好む消費者が増え、ウイスキー離れが加速したのです。

主力商品であり、屋台骨ともいえるオールドの転落に、サントリーもただ手をこまねいていたわけではありません。広告やキャンペーンなどで起死回生をはかりますが、期待したほどの効果は得られませんでした。結局、売り上げは急下降し、そのあまりの凋落《ちょうらく》ぶりに「オールドショック」という不名誉な言葉が生まれたほどです。オールドの販売量は、2000（平成12）年には最盛期の10分の1以下にまで落ち込みます。

そして、まるでオールドに引きずられたかのように、ウイスキー市場の規模も1983年をピークに縮小していきました。

1980年代のもう一つのトレンド・地ウイスキーブーム

消費量の低下にシングルモルトの登場、スコットランドの蒸留所の買収、オールドショック、級別制度の廃止……。1980年代のウイスキー業界は話題に事欠きませんでした。実はこの時期、日本のウイスキー業界ではもう一つ、大きなムーブメントが起きていました。地ウイスキーブームです。

地ウイスキーとは、地方の小規模なメーカーがつくるウイスキーを意味します。この時期に地ウイスキーブームが起きた背景には、まず、ウイスキー文化の成熟があります。サントリー、ニッカウヰスキー、三楽オーシャン、キリンシーグラムの大手4社がさまざまなウイスキー製品を送り出し、また広告展開を行なったことで、ウイスキーは人々の暮らしに深く浸透しました。

加えて、1970（昭和45）年からスタートした国鉄の「ディスカバー・ジャパン」、197

8（昭和53）年からはじまった「いい日旅立ち」等のキャンペーンにより国内旅行が流行。地方の文化や食にスポットが当たるようになりました。これに商機を見出し、地方の酒類メーカーが次々にウイスキー製造に乗り出したのです。

地ウイスキーのつくり手は、ウイスキーの製造免許を持ちながら、清酒や焼酎、酒精などほかの酒類の製造をメインとしていた酒類メーカーでした。戦前から戦後にかけての一時期はウイスキーの製造免許の取得が容易で、「とりあえず取得しておくか」と免許を得ていたメーカーが多かったようです。免許も、酒づくりのノウハウもある酒類メーカーにとって、ウイスキー業界への参入は容易だったのでしょう。

とはいえ、原酒の混和率が高い特級ウイスキーや1級ウイスキーは、製造にコストがかかります。したがって、地ウイスキーメーカーは主に2級ウイスキーをつくっていました。また、熟成年数が短い製品や、輸入したモルト原酒にグレーン原酒や醸造アルコールを混和したものも少なくありませんでした。当時の地ウイスキーは、「隠れた銘酒」ともてはやされつつも、味わいという点では上質とはいえないものも多かったようです。

そういった玉石混交《ぎょくせきこんこう》の地ウイスキーブームのなかにあって、「北のチェリー、東の東亜、西のマルス」と呼ばれ、評価された蒸留所および銘柄を見ていきましょう。

まず、「北のチェリー」とは、福島県郡山《こおりやま》市の笹の川酒造がつくるチェリーウイスキーのことです。笹の川酒造の創業は、江戸時代の1765（明和2年）年。戦後間もない1946（昭和21）年からウイスキーの製造を開始しました。当時の社名「山桜《やまざくら》酒造」から名づけた「チェリーウイスキー」は一升瓶入りで、コストパフォーマンスのよさと、甘くマイルドな味わいで人気を呼びました。

その後、級別制度が廃止となった1989（平成元）年に、蒸留所は操業停止となりましたが、それから27年後の2016（平成28）年に設備を新しくし、安積《あさか》蒸溜所を設立。現在は生産を再開しています。

次の「東の東亜」と称された東亜酒造は、1941（昭和16）年、埼玉県羽生《はにゅう》市に清酒・合成清酒メーカーとして創業しました。ウイスキーの製造をスタートさせたのは1946年。当初は輸入したモルト原酒をブレンドした製品をつくっていました。

しかし、自社での原酒づくりに取り組むべく、1980（昭和55）年に羽生蒸溜所を開設。1983（昭和58）年からは蒸留器を導入して独自にモルト原酒の生産を行ない、自社のグレーンスピリッツと合わせて製品化しています。

東亜酒造は「ゴールデンホース」のほか、「グラント」「エクセレント」「武州」「武蔵」「秩父」など多くの銘柄をつくっており、地ウイスキーの「東の雄」と呼ばれるとともに、かつてはコープ（生活協同組合）専用ウイスキーの製造も請け負っていました。

ところが、2000（平成12）年に経営が行きづまり、2004（平成16）年に兵庫県のキング醸造の関連会社となります。これを機にウイスキー事業から撤退しますが、2016年に再開。現在は「ゴールデンホース武蔵」「ゴールデンホース武州」「ウイスキー歌舞伎」の三つの銘柄をリリースしています。なお、先に紹介したイチローズモルトの生みの親・肥土伊知郎さんは東亜酒造の創業者の家系です。ベンチャーウイスキーを立ち上げる前は父親の後継として、東亜酒造で働いていました。

そして最後の「西のマルス」とは、本坊酒造のマルスウイスキーを指します。鹿児島に本社を置く本坊酒造は、1872（明治5）年の創業以来、本格焼酎を主に生産していました。ウイスキー製造免許を取得したのは1949（昭和24）年のこと。当初は鹿児島でウイスキーづくりを行ない、その後、1960（昭和35）年に山梨県石和町に蒸留所を開設。このとき、本坊酒造の顧問として蒸留所の建設を指揮したのが岩井喜一郎なのは前述のとおりです。

1985（昭和60）年には生産拠点を信州工場（現・マルス信州蒸溜所）に移し、一升瓶入りの「マルス　エクストラ」「マルス　モルテージ・ピュアモルト」など個性豊かな地ウイスキーを数多く送り出してきました。

本坊酒造も1992（平成4）年以降はウイスキーの生産を休止していましたが、2011（平成23）年に19年ぶりに再開。2016年には鹿児島の津貫《つぬき》にマルス津貫蒸溜所を開設し、新たな挑戦をはじめています。

1980年代はほかにも多くの地ウイスキーが存在しました。その一部を次のページの表8

[表8] 地ウイスキーの製造元と主要銘柄

製造元	都道府県	主要銘柄
美峰酒類	群馬	ゴールドカップ、ブラックゴールド、サンライズ
協和発酵工業	東京	ダイヤモンド、ダイヤモンドエキストラ
金升酒造	新潟	大佐渡、越後平野、キンショー
モンデ酒造	山梨	ローヤルクリスタル、富士の精
富士醗酵工業	山梨	リリアン、リライアンス・ファイブ
若鶴酒造	富山	サンシャイン、地酒蔵のウ井スキー
東洋醸造	静岡	ジュピター80、ジュピターレアオールド、バイロン、エース、45エキストラ、りんどう
東海醗酵工業	愛知	ラッキーサン
宝酒造	京都	キングウイスキー白河、キングウイスキーエクストラ
中国醸造	広島	グローリー、戸河内
日新酒類	徳島	ヤングセブン
クラウン商事	沖縄	オールドクラウン、クラウン

でご紹介しましょう。懐かしく思い出される銘柄もあるのではないでしょうか。ここで紹介した地ウイスキーメーカーのほとんどは、1989年の級別制度の廃止後にウイスキーの生産を停止しました。

しかしながら、ストックしていた原酒をやりくりして製品化し、つらい時期を乗り越えてロングセラーとなった商品もあります。また、詳しくは第4章で取り上げますが、本坊酒造や若鶴《わかつる》酒造、中国醸造《ちゅうごく》のように、近年ウイスキーの製造を再開し、クラフト蒸留所として注目を集めているメーカーもあります。地ウイスキーブームは10年弱で終焉《しゅうえん》を迎えましたが、そのときにまかれたウイスキーづくりのタネは、休眠期間を経て、今芽を出しつつあるのです。

1990年代を広告とともに振り返る

ここでは、第2章と同様に、1990年代のウイスキー史を各社の広告展開とともに見ていきましょう。

1990年代は日本が大きく変わった時代でした。きっかけは1991（平成3）年のバブル崩壊です。株価は下降し、地価・住宅価格は下落。金融機関の破綻《はたん》も相次ぎました。また、1990年代後半はデフレ不況に突入。戦後以降、物質的な豊かさを追い求め続けてきた日本の価値観が大幅に変わり、心の豊かさが重視されるようになりました。

ウイスキーに関していえば、1990年代は先の見えない冬の時代。新製品もすぐれた広告も、ウイスキー不況を打開する決定打にはなりませんでした。

◎1990（平成2）年　女房酔わせてどうするつもり？

この年、バブル景気で海外旅行を楽しむ日本人が増え、年間出国者数は1000万人を突破しました。翌年にバブルが崩壊するとは、誰もが予想していなかったに違いありません。

さてこの年、ニッカウヰスキーは「オールモルト」を発売しています。

オールモルトはとてもユニークな製品です。一般的にブレンデッドウイスキーは、大麦を原料とし単式蒸留器でつくるモルトウイスキーと、トウモロコシ等の穀物を原料とし連続式蒸留機でつくるグレーンウイスキーとを混和します。

一方、オールモルトは、連続式蒸留機でつくるウイスキーの原料にも大麦麦芽を使用。オールモルトという製品名は、原料が大麦麦芽のみという特徴をそのまま示しているというわけです。

ちなみに、広告のキャッチコピーは「贅沢すぎて誰も造らなかった。」でした。トウモロコシよりも大麦麦芽のほうが高価ですから、確かに贅沢な製法です。

◎オールモルト
1990年に発売され、ヒット商品に。2015年終売になった

初代CMキャラクターを務めたのは女優の中野良子《なかのりょうこ》。中野演じる妻が家のなかでグラスを手にしてくつろいでいると、夫がオールモルトを注ぎます。ここで妻がひと言。「女房酔わせてどうするつもり?」。この名コピーの影響もあったのでしょう。オールモルトは売れに売れ、一時は品不足になったほどでした。

ところで、「女房酔わせてどうするつもり?」のコピーを見て、女優の石田《いしだ》ゆり子《こ》が出演したCMを思い出された方も多いかもしれません。こちらは2006(平成18)年にリニューアルされた「ニュー・オールモルト」の作品です。グラスを持った石田が、「女房酔わせてどうするつもり?」とほほえむ様子に見惚れた男性陣もいたのでは?「会いたくて、会いたくて」……。BGMに使われたスターダストレビューの「木蘭《もくれん》の涙」とともに、記憶に残っているCMの一つです。

◎1992(平成4)年 サントリーから「山崎18年」が登場

前年にバブルが崩壊して不況が深刻化するなか、サントリーは「サントリーピュアモルトウイスキー山崎18年」をリリースします。18年以上熟成させたシェリー樽原酒を中心に混和し、それを再び樽に詰めて後熟させた山崎18年は、熟成感と奥行きのある味わいで好評を博しました。山崎18年は海外でも高く評価され、輝かしい受賞歴がその実力の高さを物語っています。

なお、このころもまだシングルモルトではなく「ピュアモルト」表記です。ピュアモルトという呼称は、2000年代前半まで使われていました。

さて、この年のサントリーローヤルのCMも秀逸でした。八代亜紀《やしろあき》の「愛を信じたい」という歌をBGMに、外国人男性が扉を開けると、友人らしき人物がグラスを上げて迎えます。そこに次のようなナレーションが入りました。

世界は難しいけれど、そのドアを開けると、もう一つの物語が始まる。

青年は少し年上になり、大人たちは少し子どもに還《かえ》る。

哀《かな》しみは優しさになり、いらだちは笑顔に変わる。

そのドアを開けると、ウイスキーが待っている。

サントリーローヤル

今すぐにでもバーに行きたくなる名コピー

◎サントリーピュアモルトウイスキー 山崎18年

定価は700㎖で2万5000円だが、現在通販サイトでは3倍以上の値がついているです。

◎1993（平成5）年　刑事コロンボ、バーのマスターになる

不況が続くなか、徳仁《なるひと》皇太子殿下（現・天皇陛下）のご成婚というおめでたい出来事もあったこの年、サントリーローヤルのCMには大物俳優が登場しています。ピーター・フォークです。名前だけではピンとこない方も、アメリカのテレビドラマ『刑事コロンボ』の主演男優といえばおわかりになるでしょう。

サントリーローヤルのCMに出演していたピーター・フォーク

フォークが演じるのはバーのマスター。恋人とけんかしてしまい落ち込む女性客には、「映画はお好きですか？　ファーストシーンはけんかでも　ハッピーエンドになりますよ」と声をかけます。娘のフィアンセに会うことを渋る男性客には、「決闘ですね！　そりゃあ見ものだ　でもねぇ　勝とうなんて思っちゃいけませんよ　負けてやるのが親父さんじゃないですか？」とアドバイス。こんなすてきなマスターがいるバーがあったら、絶対に通ってしまいます。

また、サントリーは角瓶の派生製品として「白角《しろかく》」をリリース。角瓶のラベルが黄色であるのに対して、白角はその名のとおりラベルが白でした。白角は、淡麗《たんれい》辛口な味わいで、和食によく合うという触れ込みでした。そのコンセプトを表現すべく、CMキャラクターに起用されたのは俳優の鹿賀丈史《かがたけし》。鹿賀が、織田信長《おだのぶなが》、徳川家康、上杉謙信《うえすぎけんしん》ら歴史上の英傑《えいけつ》と好物を食べながら白角を飲むというものでした。

◎1994(平成6)年 恋は、遠い日の花火ではない。

税制改革関連法が成立し、3年後から消費税の5%への引き上げが決定したこの年、サントリーは「ピュアモルト白州」をリリースしています。先に誕生した「山崎」は、その名のとおり山崎蒸溜所の原酒を使っており、濃厚な甘みと深み、花や果実を連想させる華やかな香りが特徴です。一方、白州蒸溜所産のウイスキーは、みずみずしい香りと軽快な味わい、そしてほのかなピート香が持ち味。山崎と白州、個性が大きく違うシングルモルトが出そろったことで、シングルモルトのおもしろさに気づく人が徐々に増えていきました。

同年、サントリーはスコッチのモリソン・ボウモア社を買収。モリソン・ボウモア社は、アイラ島のボウモア蒸留所、ローランドのオーヘントッシャン蒸留所、ハイランド地方のグレンギリー蒸留所を有する有名企業でした。

長塚京三が出演していた、新サントリーオールドの広告

さらに、サントリーオールドのリニューアルも実施。「OLD is NEW」というシリーズキャッチで広告を展開しました。

弁当屋の店員に扮した女優の田中裕子《たなかゆうこ》が、若い男性に恋心をほのめかされてウキウキする「医学生」編もよかったのですが、俳優の長塚京三《ながつかきょうぞう》が出演する「背中」編は特に記憶に残っています。

長塚が演じるのは中年のサラリーマン。仕事帰りに部下の女性から、「課長の背中見るの、好きなんです。しばらく見てていいですか」といわれ、「やめろよ」といいながらも、まんざらでもない表情。そこに手書き文字風のコピーが入ります。

恋は、遠い日の花火ではない。

「イエイッ」と軽くジャンプする後ろ姿からは、弾む気持ちがよく伝わってきました。男なら誰しも、イエイッと叫びたくなる瞬間でしょう。大好きなCMの一つでした。

対してニッカウヰスキーは、スーパーニッカ「魚図鑑」編を放送しています。テーブルの上には読みかけの魚図鑑。そのそばにスーパーニッカが入ったグラスを置くと、魚が身を翻《ひるがえ》して泳ぎ出し、グラスのまわりに集まります。ナレーションは、「清らかな北の水で育ちました」。

スーパーニッカは、発売当初は余市蒸溜所の原酒だけが使われていましたが、リニューアルを重ね、宮城峡蒸溜所の原酒も使われるようになりました。余市蒸溜所が仕込み水に用いるのは、鮎《あゆ》が泳ぎ、鮭《さけ》が遡上《そじょう》する余市川の清流。宮城峡蒸溜所では、蔵王《ざおう》連峰を経て流れてくる新川の伏流水が使われています。どちらも、「清らかな北の水」にほかなりません。

スーパーニッカ「魚図鑑」編のCMカット。清らかな水でつくられたウイスキーに、図鑑に描かれた魚が引き寄せられるという内容だった

◎1997（平成9）年　世界が認める「響30年」登場

消費税が5%に引き上げられた1997年、サントリーは「響30年」を発売します。モルト原酒、グレーン原酒とともに、30年以上熟成されたものだけが使われたスペシャルな一本です。年間数千本しかつくれないため、すべて手作業で行なわれているとか。

◎響30年
超長期熟成したモルトは甘い香り、花を想わせる華やかな香りが特徴。重厚なコクがあり、長く深い余韻を楽しめる

響30年は、イギリスのウイスキー専門誌『ウイスキーマガジン』が主催するワールド・ウイスキー・アワード（WWA）において、2007（平成19）年、2008（平成20）年の2年連続でワールド・ベスト・ブレンデッドウイスキー賞を受賞。そのおいしさは折り紙付きです。近年、ウイスキー人気にともなう原酒不足で、熟成年数を明記した「年代物」が次々と生産終了となっていますが、この響30年は現行品として購入が可能。ただし、希望小売価格は12万5000円となっています。

同年、サントリーはローヤル12年とプレミアム15年を発売。CMには歌舞伎役者の二代目松《まつ》本《もと》白鸚《はくおう》（当時は九代目松本幸《こう》四郎《しろう》）が起用されました。

◎1998（平成10）年　キムタク、スタイリッシュにウイスキーを飲む

サッカー日本代表がワールドカップに初出場し、相撲界では貴乃花《たかのはな》、若乃花《わかのはな》の兄弟横綱が誕生するなど、スポーツシーンが盛り上がったこの年、サントリーリザーブの「シェリー樽仕上

げ」が登場しています。

1990年代、ウイスキーの消費量は年々低下し、長期熟成された原酒が余るようになりました。そこで、各社は長期熟成の原酒を使ったウイスキーを多くリリースしています。1996（平成8）年にリニューアルを遂げ、10年ものに格上げとなったサントリースペシャルリザーブはその好例といえるでしょう。

シェリー樽仕上げは、「薫るリザーブ」をメインコピーに、俳優の木村拓哉《きむらたくや》を起用したCMを展開。ジョージ・ベイカー・セレクションの「Little Green Bag」の曲に合わせ、キムタクがスタイリッシュにウイスキーを飲むという内容で何バージョンか制作され、それぞれのバージョンごとに次のコピーも映し出されました。

ウイスキーがカッコよくなくて何がカッコいいんだ。
ウイスキーをオヤジと言ったのは誰だ。
ウイスキーを古いと言うあんたが古いぜ。

1990年代、フジテレビ系列で放送された『ロングバケーション』『ラブジェネレーション』をはじめ、主演したドラマが軒並みヒットし、このときのキムタクはまさしく飛ぶ鳥を落とす勢い。そのキムタクの登場により、リザーブのCMは特に若い世代の間で大きな反響を呼びました。

◎1999（平成11）年「シングルモルト仙台」と「エバモア」

ノストラダムスの大予言に西暦2000年問題と日本中が慌ただしかった1999年、ニッカウヰスキー宮城峡蒸溜所は開設30周年を迎えました。このタイミングでニッカウヰスキーは連続式蒸留機を西宮工場から宮城峡蒸溜所へ移設。あわせて、「シングルモルト仙台」を発売しています。

シングルモルト仙台は、宮城峡蒸溜所で12年以上貯蔵したモルト原酒だけをブレンドしたシングルモルトウイスキーです。2003（平成15）年まで発売されましたが、その年の9月からは「シングルモルト宮城峡」に切り替わっています。シングルモルト仙台のラベルが貼られたボトルは、かなりレアといえるかもしれません。

また、キリンシーグラムは、21年以上の長期熟成原酒のみを使用したブレンデッドウイスキー「エバモア1999」をリリースしています。エバモアはコンセプトがたいそうユニークでした。ブレンドのレシピが毎年変わり、その年だけの香味が楽しめたのです。

香水のボトルを思わせるしゃれたデザインと相まって話題になったものの、2005（平成

◎エバモア1999
創業時の精神が永久に受け継がれるように、と「クリーン＆エステリー」を標榜してつくられた

◎シングルモルト仙台
発売から約4年で終売しており、今では入手困難な銘柄となっている

17）年に生産終了となっています。

１９９０年代、サントリー、ニッカウヰスキー、キリンシーグラムは、新製品をリリースし、また従来品をリニューアルして、ウイスキーの消費量を伸ばすべく奮闘しました。

しかし、数字だけを見れば、残念ながらその努力は実りませんでした。

ウイスキー類の消費量は約38万kℓを記録した１９８３（昭和58）年を境に減少を続け、２０００年代に入るころにはピーク時の４分の１程度にまで落ち込みます。底を打った２００８（平成20）年の消費量は７万４０００kℓ。ピーク時のおよそ５分の１になっていました。

世界に先駆けてシングルモルトを軌道に乗せた日本

１９８４（昭和59）年にサントリーがピュアモルト山崎を、ニッカウヰスキーがシングルモルト北海道をリリースして以来、両社は少しずつシングルモルトのラインナップを増やしていきました。第2章でも触れたように、日本では、スコットランドよりも数年早くシングルモルトが表舞台に登場していたのです。

一方のスコットランドでは、ＵＤ社（ユナイテッド・ディスティラーズ社）が「クラシックモルトシリーズ」をリリースし、シングルモルトが広がるきっかけをつくりました。ＵＤ社は傘下の蒸留所のなかからスコッチの伝統的な製法を守り続けていた六つの蒸留所を選び、それぞれのシングルモルトを１９８７年から１９８８年にかけて順に発売したのです。

ではなぜ、スコッチ業界最大手だったＵＤ社に先駆けるタイミングで、サントリーとニッカウヰスキーはシングルモルトをリリースできたのでしょうか。

もちろん、当時の佐治敬三社長と竹鶴威社長の経営者としての手腕が素晴らしかったことは、いうまでもないでしょう。しかし、ここで見落としてはいけないのは、スコットランドと日本のウイスキー業界の体制の違いです。

スコットランドでは長らく、原酒をつくる蒸留所と、それを買ってブレンドして売るブレンド会社とは完全な分業制でした。そのため、ある蒸留所が「これからはシングルモルトだ！」と気づいて自社のシングルモルトを売り出そうとしたところで、販売や流通のノウハウがありません。

それにたとえ販路を持っていたとしても、取引先のブレンド会社からなんらかの横やりが入る可能性もあります。ゆえに、UD社のような大手が旗振りをしたことで、ようやくブレンデッドからシングルモルトへの転換が進んだのです。

一方、サントリーもニッカウヰスキーも、原酒の製造から熟成、ブレンド、販売まですべてを一貫して自社で行なっています。つまり、スコットランドのメーカーに比べると小回りが利く。結果として、日本のほうがシングルモルトをいち早くリリースできたというわけだったのです。

なぜ日本でシングルモルトがいち早く花開いたのか

とはいえ、いくらメーカーがシングルモルトを売り出したとしても、消費者に受け入れられなければブームにはなりません。それまでシングルモルトは、日本人にとってなじみもなければ、ほとんど聞いたこともなかったわけで、簡単に受け入れられるどうかは懐疑的な面もあったでしょう。

しかし、そうした懸念をものともせず、シングルモルトは現実に日本の消費者に受け入れられ、１９９０年代半ばから徐々に広がっていきました。私がシングルモルトのブームの兆しを感じたのも、１９９５（平成7）年前後だったと記憶しています。ちょうど私の著作『モルトウイスキー大全』が小学館から刊行されたのも１９９５年。それ以前にも、シングルモルト関連の翻訳本などはありましたが、３００ページ近いボリュームでシングルモルトを扱ったガイド本は、この本が国内初でした。

この時期、この本の刊行を出版社が許可したのは、シングルモルトが流行しつつあり、本の売れ行きが見込めたからでしょう。事実、当時関東ではシングルモルトを扱うバーがかなり増えていて、『モルトウイスキー大全』でも、シングルモルトに力を入れているバーを100軒ほど取り上げています。

では、肝心な話ですが、どうしてシングルモルトはそれほどまでに人々を惹きつけたのでしょうか。そして、なぜブレンデッドはシングルモルトに取って代わられたのでしょう。ブレンデッドその理由としては、ブレンデッドが持つ性格を挙げることができるでしょう。ブレンデッドは、その名のとおり、複数の原酒を混ぜ合わせてつくられます。たとえば、スコッチのブレンデッドを代表する「ジョニーウォーカー レッド」、通称「ジョニ赤」は、スペイサイドのカードゥ蒸留所のモルト原酒を中心に、35種類の厳選した原酒がブレンドされています。ジョニ赤であれば、2010年に製造されたものも、2020年に製造されたものも、レシピがリニューアルされない限り、味は同じです。いつでも同じ味を楽しめる。これが、ブレンデッドがブレンデッドであるゆえんといえます。

ところが、そこに落とし穴がありました。社会が成熟して個人志向が高まるにつれ、ブレンデッドの「いつでも同じ味」が仇《あだ》となったのです。

実際、「いつでも同じ味」というと、簡単に製造できて企業努力が足りていないように聞こえるかもしれませんが、事実はその逆です。同じ味を保つためには、ブレンダーは刻々と風味を変える原酒を利き、組み合わせや比率を細かく調整し続けなければなりません。これには非常に多大なる労力と高い技術が求められます。

ただ、残念ながら多くの消費者は、そうしたブレンドの奥深さを知る機会がありません。

国内でウイスキーの消費が低迷するなか、1998（平成10）年ころに赤ワインブームが、2006（平成18）年ころに焼酎ブームがピークを迎えました。それまで「いつでも同じ味」を楽しんでいた人々の前にお酒の選択肢がどんどん提示され、情報誌、その後はインターネットを通じてお酒に関する情報も手に入りやすくなりました。それにつれて、お酒は「ただ飲んで酔うもの」ではなく、「ストーリーとともに味わうもの」へと変わっていったのです。

ところが、ブレンデッドのレシピは企業秘密であり、基本的に公開されません。キーとなるモルト原酒のいくつかが明らかにされているだけです。消費者がブレンデッドのストーリーを知ろうと思っても、たいして深掘りはできないのです。これに対して、お酒についてのうんちくを知ることに喜びを見出すようになった日本の消費者が、ブレンデッドにもの足りなさを感じるようになったとしても無理はないでしょう。

加えて、ブレンデッドは長らく日本の経済成長の象徴でもありました。出世して高級なブレンデッドを飲むことが、男のステイタスである。そんなイメージが、バブル崩壊後の不景気にあえぐ人たちの目には古くさく、いっそ苦々しく映ることもあったのではないでしょうか。

一方、シングルモルトは、ほかの蒸留所の原酒やグレーンウイスキーがブレンドされていないからこそ、蒸留所の個性が強烈に出ます。ライフスタイルの細分化が進む社会において、「個性」は強力な武器となります。「個性」とは、要はほかとの「違い」です。シングルモルトはウイスキー初心者でも違いがわかり、飲み比べる楽しさを体感できたのです。

さらに、蒸留所側も見学の受け入れや情報公開を積極的に行なうようになり、消費者の知的好奇心も存分に満たせるようになったのでした。

ちなみに、日本人のうんちく好きは海外の蒸留所でも有名で、2000年ころだったでしょうか、スコットランドのある蒸留所で取材をしているとそこの技師からこんな言葉をかけられました。「蒸留所に来て微に入り細に入り数値を聞いてくるのは、日本人とドイツ人だけだ」――それが現在は、日本人とスウェーデン人に変わっているようですが、いずれにしても、ストーリーも含めてお酒を味わうのが日本人の性に合っているのでしょう。そして、そこにシングルモルトがうまくマッチしたというわけです。

もちろん、国産シングルモルトのレベルが高く、おいしかったという点も、シングルモルトブームが起きた理由としてははずせません。

ウイスキーの権威ある品評会の一つ、ワールド・ウイスキー・アワード（WWA）の前身は「ベスト・オブ・ザ・ベスト」といい、2001（平成13）年に初開催されました。そこで見事、ニッカウヰスキーの「シングルカスク余市10年」が総合第1位を獲得。スコッチ、アメリカン、

[表9] 2000年代にリリースされた主なシングルモルト

誕生年	製造元	商品名
2001(平成13)年	ニッカウヰスキー	シングルカスク余市20年アニヴァーサリー・セレクション
2002(平成14)年	メルシャン(旧三楽オーシヤン)	軽井沢ヴィンテージシリーズ
	ニッカウヰスキー	シングルカスク仙台宮城峡1990
		シングルカスク余市
2003(平成15)年	ニッカウヰスキー	シングルモルト宮城峡10年
		シングルモルト宮城峡12年
		シングルモルト宮城峡15年
2004(平成16)年	キリンディスティラリー(旧キリンシーグラム)	THE Fuji-Gotemba シングルモルト18年
	ニッカウヰスキー	シングルモルト余市1984
2005(平成17)年	サントリー	シングルモルトウイスキー山崎50年
	ニッカウヰスキー	シングルモルト余市 1985
	キリンディスティラリー	富士山麓 シングルモルト18年
2006(平成18)年	サントリー	シングルモルト白州18年
	ニッカウヰスキー	シングルモルト余市1986
2007(平成19)年	キリンディスティラリー	シングルカスク富士御殿場10年
	ニッカウヰスキー	シングルモルト余市1987
2008(平成20)年	サントリー	シングルモルト白州25年
2009(平成21)年	ニッカウヰスキー	シングルモルト宮城峡1989
		シングルモルト余市1990

アイリッシュなど各国のウイスキーを押さえ、ジャパニーズウイスキーが「世界一おいしい」と認められた瞬間です。さらに、第2位に輝いたのはサントリーの「響21年」でした。

ジャパニーズウイスキーのトップ独占に一番驚いたのはスコットランドの人たちだったかもしれません。当時、「日本？　そんな極東の国にウイスキーなんてあるの？」程度の認識だったのに、まさかワンツーフィニッシュするとは考えてもいなかったでしょう。

ニッカウヰスキーもサントリーもこの快挙を大々的に宣伝しました。以降、国内のウイスキーメーカーは海外の品評会に積極的に出品するようになり、次々に賞を受賞。こうして、日本産シ

◎富士山麓　樽熟原酒50°
2005年に発売された「富士山麓　樽熟50°」を2016年にリニューアルした商品。1000円台中盤の価格とは思えないうまみで、想定を超える需要があり、原酒の安定供給が困難となって、現在は終売となった

◎竹鶴ピュアモルト12年
“ピュアモルト”と名がつくが、シングルモルトではなく、宮城峡のモルト原酒と、余市のシェリー樽モルト原酒がブレンドされていた。原酒不足により、現在この「12年」は終売

ングルモルトは、国内はもとより海外からも注目を集めるようになりました。

さらに、このシングルモルトブームの機運を逃すまいと、各社がシングルモルトを次々にリリース。表9のように、2000年代には多くのシングルモルトが誕生しました。

とはいえ、各社ともにシングルモルトだけを発売していたわけではありません。ニッカウヰスキーは2000（平成12）年に「竹鶴35年ピュアモルト」「竹鶴12年ピュアモルト」、2007（平成19）年に「カフェモルト12年」を、キリンディスティラリーは2005（平成17）年にブレンデッドウイスキー「富士山麓」をリリースしています。しかし、シングルモルトをリリースする頻度が1990年代に比べると格段に増えていることは、十分おわかりいただけると思います。

また、サントリーは2005年にオーナーズカスクの販売を開始。消費者がウイスキーを樽買いできるサービスをはじめました。現在、原酒不足のため一時休止となっていますが、近年はサントリー以外の大手メーカーやクラフト蒸留所も樽買いサービスを実施しており、人気を呼んでいます。受付を開始したその日に完売になることもあるほどです。

こうした企業努力によって、シングルモルト市場は少しずつ拡大していったのです。

消費の低迷を食い止めた「角ハイ」と『マッサン』

1983（昭和58）年のピーク以降、ウイスキーの消費量は下降が続きました。シングルモルトが登場してひそかにブームになったり、「シングルカスク余市」と「響21年」が世界的な賞を受賞したりと、ウイスキー業界にとっては吉報もありましたが、消費量を回復するには至りませんでした。

日本のウイスキー市場復活のきっかけとなった、サントリーの「角ハイ」戦略。2020年現在も CM は継続中で、女優の井川遥が三代目として出演している

その状況が変わったのが2009（平成21）年です。ここから、国内のウイスキー消費量が再び盛り返します。何がきっかけだったかおわかりになりますか？　ハイボールの復活です。

2008（平成20）年ころから、サントリーは「角瓶」をソーダで割る「角ハイボール」、通称「角ハイ」の広告を大々的に展開しました。「ウイスキーが、お好きでしょ」の名曲とともに、女性店主が営むバーでの人間模様が描かれたこのシリーズは、2020年現在も継続中。初代店主を女優の小雪《こゆき》、二代目を菅《かん》野美穂《のみほ》、三代目を井川遥《いがわはるか》が演じています。

1950年代から1960年代にかけてトリスバーをはじめとするスタンドバーが急増した時期、流行したのがハイボールでした。

それが40年以上経って再燃したのです。当時を知らない若い世代にとって、ハイボールは「新しいお酒」かつ「おしゃれなお酒」でした。ソーダで割るのでアルコール度数が下がって飲みやすいところも、飲みやすいお酒を好む若者たちに合っていたのでしょう。

一方、かつてさんざんハイボールを飲んだ世代にとっては、「懐かしの酒」であり「思い出の酒」でもあります。角ハイボールはこの二つの層を取り込むことに成功したのです。

現在、居酒屋に行けば、さまざまな銘柄やレシピのハイボールを楽しめます。コンビニやスーパーでは、お酒売り場には「角ハイ」「トリスハイボール」「ブラックニッカハイボール」のほか、スコッチウイスキーの「ホワイトホース」やバーボンウイスキーの「ジンビーム」など海外のウイスキーをベースとしたハイボール缶も並んでいます。ご当地ハイボールも生まれ、まさに百花繚乱《ひゃっかりょうらん》です。

ハイボール人気でウイスキーの消費量が少しずつ回復に向かうなか、2014（平成26）年9月から、NHKの朝の連続テレビ小説『マッサン』の放送が始まりました。『マッサン』はニッカウヰスキーの創業者、竹鶴政孝とその妻リタをモデルとしたドラマです。竹鶴政孝をモデルとした亀山政春を俳優の玉山鉄二が、リタをモデルとしたエリーをシャーロット・ケイト・フォックスが演じました。

連続テレビ小説において、主演を男性俳優が務めるのはかなり珍しいのだそうです。それにもかかわらず、全150回の平均視聴率は21・1%を記録。2013（平成25）年に放送され、社会現象にもなった『あまちゃん』の平均視聴率20・6%を超えました。このドラマのウイスキー考証を務めた身として、また、一ウイスキーファンとして、うれしい限りです。

マッサンを見て北海道の余市蒸溜所を訪れた人も多かったようで、2015（平成27）年には年間90万人もの観光客が訪れたとか。サントリーの山崎蒸溜所や白州蒸溜所にも多くの観光客が足を運び、マッサンの放送は、ウイスキーの景気回復の大きな追い風となりました。

海外も熱狂するジャパニーズウイスキーの真価

海外での人気も、ジャパニーズウイスキーの復活に大きく貢献しています。新型コロナウイルスの感染拡大以前、国内の蒸溜所には外国人観光客も大勢訪れていました。見学客の2～3割は外国人観光客という蒸溜所もあり、多くの蒸溜所が、英語やフランス語、中国語、韓国語など多言語案内表示に対応しています。また、オークションでジャパニーズウイスキーを落札しているのも海外の資産家です。

なぜ、ジャパニーズウイスキーが海外でもこれほどウケているのでしょうか。

最大の理由は、なんといってもおいしいからでしょう。前述の２００１（平成13）年にシングルカスク余市が世界一に、響21年が２位に輝いて以降、ジャパニーズウイスキーは品評会では上位入賞の常連となりつつあります。たとえば、２０２０年のワールド・ウイスキー・アワード（ＷＷＡ）は次の表10のような結果になっています。

また、２０２０年に第２回が開催された東京ウイスキー＆スピリッツコンペティション（ＴＷＳＣ）では、最高金賞全12品に、サントリーの「エッセンス・オブ・サントリーウイスキー山崎蒸溜所　リフィルシェリーカスク」、本坊酒造の「駒ヶ岳　１９９１　28年　シングルカスク　№．１６０」がランクインしています。


ジャパニーズウイスキーはよく、ほかの国のウイスキーに比べると「繊細でバランスがよい」と評されます。もちろん蒸溜所ごと、銘柄ごとに明確な個性があります。それでも、繊細さとバランスのよさは、すべてのジャパニーズウイスキーに通底しているのです。

再びジョニ赤の例で恐縮ですが、ジョニ赤にブレンドされている35種類の原酒は、基本的にはそれぞれ別の蒸溜所でつくられています。それを、ジョニーウォーカーのブレンダーがブレンドしているのです。

一方、日本のウイスキーメーカーがブレンデッドをつくろうと思ったら、自社のみですべて

[表10] 2020年のワールド・ウイスキー・アワード(WWA)の結果

製造元	商品名	受賞タイトル
サントリー	白州25年	ワールドベスト・シングルモルトウイスキー部門にて、世界最高賞を受賞
ベンチャーウイスキー	イチローズモルト&グレーン ジャパニーズブレンデッド リミテッド2020	ワールドベスト・ブレンデッドウイスキー・リミテッドリリース部門にて、世界最高賞を受賞
キリンディスティラリー	シングルグレーンウイスキー富士30年	ワールドベスト・グレーンウイスキー部門にて、世界最高賞を受賞

の原酒をつくるほかありません。サントリーのブレンデッドウイスキーにニッカウヰスキーやキリンディスティラリーの原酒が使われることはないからです。実際、各社はモルトウイスキーとグレーンウイスキーの両方をつくっていますし、サントリーとニッカウヰスキーは複数の蒸留所を所有しています。

一つの蒸留所で何十種類、何百種類の原酒をつくり分け、それらをブレンドするノウハウとスキルを、日本のウイスキーメーカーはずっと磨いてきました。このような日本ならではの事情が、日本のウイスキーに繊細さと調和を付与しているのでしょう。

このほか、春夏秋冬という季節のメリハリや、有機物の少ない水も、ジャパニーズウイスキーが「繊細」「調和」というフレーズとともに語られる理由の一つです。

さらに、「メイドインジャパンなら間違いない」「日本製ならハズレはないだろう」という期待も、海外の人がジャパニーズウイスキーに手を伸ばす動機になっていると考えられます。

海外ではいまだに日本製への信頼が根強くあります。また、

2013（平成25）年に和食がユネスコ無形文化遺産に登録され、日本食は海外でも人気となっています。こうした日本文化への世界的な評価が、ウイスキーにも向けられているのでしょう。

輸出額はおよそ10倍に！ 人気ゆえの弊害

2009（平成21）年から好転したウイスキーの消費量は、2018年（平成30年）には17・5万kℓとなり、1983（昭和58）年のピーク時のおよそ2分の1にまで回復しています。また、ジャパニーズウイスキーの輸出額はこの10年で10倍近く増加。国内でも、海外でもジャパニーズウイスキーが飲まれているのは、非常によろこばしいことです。

ただ、人気の裏で思わぬ弊害も生じています。原酒不足です。長い斜陽の時期を、メーカーは原酒の仕込み量を減らすことでしのいでいました。生産をストップしてしまえば、10年後、20年後に飲むウイスキーがなくなってしまいます。しかし、右肩上がりだった時代と同じ量を生産していては原酒がだぶつきます。メーカーは仕込み量をしぼるしかありませんでした。

[表11] 2020年時点で販売終了、または休売が決定している主な商品

製造元	商品名
サントリー	白州12年、白州10年、山崎10年、響17年
ニッカウヰスキー	竹鶴ピュアモルト25年、竹鶴ピュアモルト21年、竹鶴ピュアモルト17年
キリンディスティラリー	富士山麓 樽熟原酒 50°

ところが、近年、国内外の需要が急激にアップ。これほど劇的な回復劇はメーカー自身も予測できなかったでしょう。今になって原酒のストックが不足しはじめ、熟成年数を表記した年代物が相次いで販売終了し、年代表記のないノンエイジ商品として軒並みリニューアルが行なわれています。ここ数年、「山崎」や「白州」をはじめ、国産シングルモルトのテレビCMを見かけなくなったように思います。これも、原酒不足の影響を受けているのです。

現時点で販売終了、または休売が決定している主な商品をいくつか表11に挙げてみました。

一部の銘柄の販売終了が発表された折には、ニュース速報が流れました。それだけ世間の関心が集まっています。各メーカーは増産を急いでいますが、今仕込んだ原酒が熟成のピークに達するのは10年以上先。原酒不足が解消されるには、まだまだ長い時間がかかるのです。

第4章

各地に増え続ける注目蒸留所と蒸留酒ビジネス

月1ペースで増えるクラフト蒸留所

国内外のウイスキーファンが今、熱い視線を注いでいるのがクラフトウイスキーです。クラフトウイスキーに明確な定義はありませんが、大量生産ではない、小規模蒸留所がつくるウイスキーのことをいいます。

本書をここまで読んでくださった方は、「クラフトウイスキーって、つまりは地ウイスキーのことでしょ?」と思われたかもしれません。これは半分正しく、半分間違っているといえます。小規模蒸留所がつくるウイスキーという点では、確かに、地ウイスキー＝クラフトウイスキーです。近年のクラフトウイスキーブームに関する記事で、「地ウイスキーブームが復活!」といった表現を見かけることもあります。

ただ、第3章で触れたように、地ウイスキーの主戦場は2級ウイスキーでした。1980年代の2級ウイスキーの原酒混和率は17%未満。つまり83%以上が醸造アルコールで、さらに原酒は他社あるいは海外から仕入れているメーカーもありました。自社で原酒をつくっているメーカーのウイスキーも、品質にはかなりばらつきがあったと推測されます。

一方、現在のクラフトウイスキーの主流はシングルモルトです。つくり手たちの多くは、国内外の蒸留所でウイスキーづくりのイロハを学んでいます。地ウイスキーとクラフトウイスキーとでは品質や、こだわりが違うのです。したがって本書では、2000（平成12）年以降に国内に登場した小規模蒸留所をクラフト蒸留所、そこでつくられるウイスキーをクラフトウイスキーと呼んでいます。

2017（平成27）年3月、雑誌『ウイスキーガロア』がウイスキー文化研究所から創刊されました。私が編集長を務めるウイスキー専門誌です。創刊号の特集テーマは「日本のクラフト蒸留所」。このとき取り上げた蒸留所の数は13カ所でした。それから2年経たないうちに、国内のクラフト蒸留所の数は30を超えました。ウイスキー製造免許の取得の関係で公表できないものや計画段階のものを含めると、2020年7月の時点で国内のクラフト蒸留所の数は40を超えています。かつての地ウイスキーブームをしのぐ勢いです。

クラフトウイスキーブームはアメリカからはじまり、五大ウイスキーの生産国へも広がりました。スコットランドでは2013年以降、日本ではそれより少し遅れて2016（平成28）年ころからブームが起きています。47都道府県それぞれにクラフト蒸留所が少なくとも一つはある——。そんな日がいずれ現実になるかもしれません。それほど、日本もまた空前のクラフトウイスキーブームを迎えているのです。

クラフトウイスキーブームは、ウイスキーファンだけでなく、観光業界や行政も注目しています。なぜなら、クラフトウイスキーは地方活性化の起爆剤となりうるからです。

皆さんは、「ワインツーリズム」という言葉を聞いたことがありますか？

これは、ワイナリーやブドウ畑を訪れ、地元の人たちと交流したり、その土地の自然や文化、歴史に触れたりしながら、ワインおよび食を楽しむ観光スタイルのこと。1980年代ころから欧米やオーストラリアなどのワイン生産国で盛んになり、日本でも、山梨県や山形県がワインツーリズムをテーマとしたイベントを開催しています。

同種の取り組みはほかにもあり、観光庁の呼びかけで、外国人観光客向けに酒蔵ツーリズムを提案する、日本酒蔵ツーリズム推進協議会も立ち上がっています。

ワインツーリズムも日本酒蔵ツーリズムも素晴らしい試みだと思いますが、ワインや日本酒づくりには一般的にオフシーズンがあり、通年観光できないところもあります。加えて、ワインも日本酒も醸造酒なので見られるのは醸造の工程のみになります。

一方、ウイスキーの蒸留所は年間通じて稼動しているところが多く、糖化・発酵から醸造、蒸留、さらには熟成まで、酒づくりのすべての工程を見ることができます。発酵槽、蒸留器、樽などのバリエーションも豊富で一つとして同じ蒸留所はありません。何カ所回っても、見飽きることはないでしょう。ウイスキー蒸留所は実に観光向きなのです。

ちなみに、ウイスキー蒸留所がいかに観光向きなのか——については、スコットランドのスコッチウイスキー・アソシエーション（SWA）のデータがそれを裏づけています。SWAによると、ウイスキーの蒸留所を訪れる観光客は年間200万人に上り、スコットランド国立博物館とエディンバラ城に次いで3番目に人気のある観光名所になっているそうです。さらに、ウイスキー関連の仕事に従事する人はイギリス全土で1万人を超え、地方でも雇用を生み出しています。本気で地方創生するなら、その目玉に据えるべきはウイスキーの蒸留所しかない。私はそう考えています。

クラフト蒸留所を起点としたウイスキーツーリズムは、外国人観光客からのニーズも高いはずです。実際、クラフト蒸留所の見学を希望する外国人観光客は少なくありません。新型コロナウイルスの感染拡大という未曾有《みぞう》の事態が起きた今、観光客の受け入れにはさまざまな課題があるものの、クラフト蒸留所を起点にその土地の文化や歴史を体験できるようなツアーがあれば、地方が活気を取り戻す一つのきっかけになるはずです。

クラフト蒸留所からはじまる次世代ウイスキー

クラフトウイスキーの一番の魅力はその独自性にあります。国内の小さなクラフト蒸留所のチャレンジが、500年を超えるウイスキーの歴史を変えるかもしれない――。そんな革新的な試みが日々行なわれているのです。クラフトウイスキーの世界はまさに日進月歩。取材をするたびに新しい発見があり、年甲斐もなく興奮しています。

ここでは、各蒸留所でどのような取り組みがなされているのか、その一部をご紹介しましょう。

◎クラフトの先駆者・秩父蒸溜所――埼玉・ベンチャーウイスキー

埼玉県にある秩父蒸溜所は、ベンチャーウイスキー社が2007（平成19）年に開設した蒸留所です。地ウイスキー「ゴールデンホース」で一世を風靡《ふうび》し、「東の東亜」と呼ばれた東亜酒造と秩父蒸溜所には深いつながりがあります。第3章でも書きましたが、ベンチャーウイスキーを立ち上げた肥土伊知郎さんは、東亜酒造の創業者一族なのです。

肥土さんはサントリーで営業職として働いたのち、東亜酒造に入社。父親のあとを継ぎ社長となります。しかし、2004(平成16)年に他社への事業譲渡が決まり、祖父が開設した羽生蒸溜所の売却と、製品化されずに残っていたウイスキー原酒400樽相当の廃棄を迫られます。

祖父の代からつくり続けてきた原酒を廃棄するなんて、肥土さんには到底受け入れられませんでした。原酒の預け先を求めて東奔西走する肥土さんに、手を差し伸べたのが福島の笹の川酒造です。肥土さんは400樽の原酒をトラックに積み、埼玉と福島を20往復したとか。その年、肥土さんは秩父市でベンチャーウイスキーを設立。翌2005(平成17)年に、笹の川酒造に預けていた原酒を使った「イチローズモルト」をリリースします。

2005年といえば、国内のウイスキー消費量が上昇に転じる4年前。しかし肥土さんには勝算がありました。バー行脚《あんぎゃ》を続けるうちに「シングルモルトを好むコアなファンは増えている」という実感を得ていたからです。

肥土さんは、コアなファンにもよろこんでもらえる個性のあるウイスキーを目指して、樽替えを実施しました。樽替えとは、原酒を別の樽に詰め替えることです。ワインやブランデー、シェリー酒の空き樽に詰め替え、原酒にワインやブランデー、シェリーの風味を付与しました。

さらに、樽替えした原酒はあえてブレンドせずに製品化。こうして生まれたイチローズモルトは次第に評判を呼び、また、2007年のワールド・ウイスキー・アワード（WWA）のジャパニーズ部門で世界最優秀賞を受賞したこともあって、ファンを少しずつ、しかし確実に増やしていきました。

とはいえ、原酒のストックは400樽しかなく、製品化を続ければいずれなくなるのは明らかです。祖父、父と守ってきたウイスキーづくりをここで絶やしてはいけない――。そんな使命感から、肥土さんは蒸留所の開設を決意します。

私が肥土さんから蒸留所開設の夢を聞いたのは、2006（平成18）年ころだったと記憶しています。大手でさえ、原酒の仕込み量をしぼってなんとか耐え忍んでいた時期です。ウイスキー事業を興すのに、これほど不向きなタイミングもないでしょう。ウイスキーの蒸留所を立ち上げるなんて、正直、無謀すぎます。私は肥土さんにそう伝えましたし、肥土さんに夢を打ち明けられたほかの人たちも、同じようなリアクションだったに違いありません。

それでも肥土さんの決意は揺るぎませんでした。秩父市の工業団地の一画を県から借り受け、秩父蒸溜所を建設。2008（平成20）年2月から蒸留をスタートしたのです。2011（平成23）年、秩父蒸溜所の原酒を使った「秩父　ザ・ファースト」が誕生。全7400本は、発売日のうちに完売しました。以降の秩父蒸溜所の快進撃は改めて書くまでもないほど、多数のメ

ベンチャーウイスキー秩父蒸溜所。2007年に開設され、現在のクラフトウイスキーブームの火付け役となった

ディアで取り上げられています。

秩父蒸溜所は、その革新的な取り組みでも知られています。地元産の大麦を使ったり、発酵槽の材に伝統的なオレゴンパインではなくミズナラ材を用いたり、自社で製樽を手がけたりと、数え上げればきりがありません。「次はどんなチャレンジを見せてくれるのだろう」とワクワクさせてくれるところも、秩父蒸溜所の魅力の一つかもしれません。

2019年には第二蒸溜所が始動。第二蒸溜所では、肥土さんが「以前からやってみたいと思っていた」と語る、直火蒸留が行なわれています。

現在のクラフトウイスキーブームは、後世に語り継がれるべきエポックメイキングな出来事です。そして、その端緒を開いたのが肥土さん率いる秩父蒸溜所なのです。肥土さんの存在がなければ、国内のクラフトウイスキーの開花は、ずっと遅れたに違いありません。

◎蒸留器の歴史を変えた三郎丸蒸留所—富山・若鶴酒造

富山県の若鶴酒造は、「若鶴」「苗加屋《のうかや》」などで知られる老舗《しにせ》のつくり酒屋です。地ウイスキーブーム時代には「サンシャインウイスキー」もつくっていましたが、ほかの地ウイスキーメーカー同様に、2000（平成12）年以降は操業を停止していました。

しかし、五代目の稲垣貴彦《いながきたかひこ》さんが中心となってウイスキーづくりを再開。三郎丸《さぶろうまる》蒸留所をオープンします。当初は、サンシャインウイスキーの製造に使われていた焼酎用のステンレス製蒸留器を、一部銅製に替えて使っていました。ところが、より本格的なウイスキーを目指して、2019年に新しい蒸留器を導入。この蒸留器が今、ウイスキー関係者の間で大変な話題となっています。従来の鍛造《たんぞう》ではなく、鋳造《ちゅうぞう》の蒸留器だからです。鋳造のウイスキー蒸留器は、世界で三郎丸蒸留所にしかありません。

一般に、蒸留所のシンボルともいえる蒸留器は、伝統的に銅製です。銅には蒸留過程で発生する硫黄《いおう》臭などの不快成分を取り除き、エステルというフルーティーな香り成分をもたらす働きがあります。ゆえに、ウイスキーの単式蒸留器は銅製と相場が決まっていたのです。加えて、銅製蒸留器はこれまで、銅板金を使った鍛造しかありませんでした。

　金属の加工法には大きく鍛造と鋳造があります。鍛造とは、金属の板を叩くなどして大きな力を加えて成形する加工法です。鋳造の場合は、溶かした金属を型に流し込んで成形します。蒸留器のように大きなサイズのものを鋳造でつくるのは技術的に難しく、したがって、これまで鍛造製一択となっていました。

　現在、国内のクラフト蒸留所を訪れると、イギリスの老舗企業フォーサイス社製、ドイツのカール社製、アーノルド・ホルスタイン社製、ポルトガルのホヤ社製、イタリアのバリソン社製、国内の三宅《みやけ》製作所製などさまざまな蒸留器を見ることができますが、いずれも鍛造です。鋳造は一つとしてありません。

◎サンシャインウイスキー
若鶴酒造が1952年にウイスキーの製造免許を取得して発売した。地ウイスキーとしての流れを継ぎ、現在も発売中

　ただ、鍛造蒸留器には課題もあります。蒸留器の銅は使用しているうちに徐々に薄くなるため、耐用年数を上げるには銅を厚くするほかありません。しかし、鍛造で加工できる銅の厚みには限界があり、およそ20～30年という蒸留器本体の寿命をこれ以上伸ばすこと

寺の梵鐘づくりの技術から生まれた、三郎丸蒸留所のまったく新しい蒸留器。今後、ほかにはない高品質なウイスキーの製造が期待されている

はできないのです。

それが、鋳造の蒸留器の誕生によって変わりつつあります。

世界唯一の銅鋳造の蒸留器は、梵鐘《ぼんしょう》メーカー・老子《おいご》製作所との共同開発により誕生しました。富山県高岡《たかおか》市に本社をかまえる老子製作所は鋳造のトップメーカー。高さ5mにもおよぶ大きな梵鐘や、身長13mの仏像など、大型の鋳造を得意としています。三郎丸蒸留所の新しい蒸留器は高さ5m。これが2基並ぶ様子は実に壮観です。

稲垣さんが鋳造の蒸留器を思いついたのは、古い蒸留器の修理先を探していたときだったといいます。

「古い蒸留器を修理できる鍛造メーカーがなかなか見つからず、『なぜ蒸留器は鋳造ではだめなのだろう』と疑問に思ったのがきっかけでした。高岡は古くから鋳物《いもの》産業で栄えた街です。だったら、鋳造で蒸留器をつくれるメーカーがあるかもしれない。そう考えたんです」

地元で長く続くつくり酒屋の家に生まれ、土地の産業に精通していた稲垣さんだからこそ、持ち得た発想といえるでしょう。

鋳造で蒸留器をつくるメリットは数多くあり、まず、鍛造よりも銅を厚くできるので蒸留器の耐用年数が伸びます。加えて、製造期間が鍛造より短く、一度型をつくってしまえば同じ型の蒸留器を量産できるのも利点です。量産すれば当然コストが下がりますから、大手のように潤沢《じゅんたく》な資金がないクラフト蒸留所にしてみれば願ってもない話でしょう。

また、味の違いにも期待が持てます。鋳造蒸留器で蒸留したニューポットを飲ませてもらったところ、通常のニューポットとは明らかに酒質が違ったのです。鋳造蒸留器は砂型に流し込んでつくります。そのため、蒸留器の表面には肉眼では見えない小さな凹凸が無数にあり、アルコール蒸気と銅との接触面積が鍛造製よりも増えるのです。結果として、不快成分を取り除き、フルーティーな香り成分をもたらす銅製蒸留器の作用がより強く出ているのではないかと、稲垣さんは推測しています。

さらに、鋳造の場合は銅１００％ではなく銅合金となります。三郎丸の蒸留器の配合は、銅90％、錫《すず》８％、亜鉛２％。錫には古来、酒をまろやかにする効果があるといわれます。この錫の効果でしょうか、三郎丸蒸留所のニューポットは通常のものよりも格段にまろやかでした。このまま熟成がうまく進めば、世界に二つとないウイスキーになるでしょう。

三郎丸蒸留所の鋳造蒸留器は、長らく続いてきた蒸留器の歴史を塗り替えてしまうかもしれません。

◎原料の栽培から手がける尾鈴山蒸留所──宮崎・黒木本店

「百年の孤独」をはじめ「中々」「山猿」などで知られる宮崎県の焼酎メーカー黒木《くろき》本店は、高鍋町《たかなべちょう》と尾鈴山《おすずやま》に二つの焼酎蔵を持ちます。その尾鈴山の焼酎蔵で、2019年、ウイスキーの製造がスタートしました。

ウイスキー業界では長らく、原料となる大麦麦芽はモルトスターと呼ばれる製麦業者から仕入れるのが一般的でした。現在も、国内外そして企業規模の大小を問わず、大麦麦芽を業者から仕入れる蒸留所がほとんどです。しかし近年、原料の生産から手がける「フィールド・トゥ・グラス」(畑から直接グラスへ)をモットーとする蒸留所が登場しています。

尾鈴山蒸留所もその一つです。黒木本店は「甦《よみがえ》る大地の会」という農業法人を運営しており、ここで焼酎の原料となる穀物や芋《いも》、さらには野菜などを育てています。また、ウイスキーの原料となる大麦もすべて自社畑で育てており、さらには製麦も自分たちで行なっているのです。

ちなみに、スコットランドにも製麦を手がけている蒸留所はいくつかあり、国内でも秩父蒸溜所が製麦に取り組んでいます。

これらの蒸留所では、一般的にフロアモルティング（床に広げられた大麦麦芽をシャベルで攪拌し、空気に触れさせて発芽を促す作業）が行なわれています。そしてフロアモルティングのあとは、ピート等を燃やして煙でいぶし、発芽がそれ以上進むのを止めるのです。

しかし、黒木本店ではこうした従来の製麦法は行ないません。なんと大麦をステンレス製のバットに入れて、手でかき混ぜるスタイル。フロアモルティングならぬ、手こねのボックスモルティングです。その後は、しいたけなどを乾燥させる乾燥機で熱風乾燥を行なっています。

また黒木本店は、蒸留の仕方も実にユニークです。焼酎用のステンレス製蒸留器で初留を、ウイスキー用の銅製蒸留器で再留を行なうハイブリッド方式をとっているのです。

「自分たちは『蒸留屋』です。焼酎であれウイスキーであれ、この土地を表現する酒をつくりたいと思っています」

黒木本店の五代目、黒木信作《しんさく》さんはそのように語ります。

黒木さんたちの独自の取り組みがウイスキーにどのような影響を与えるのか。熟成した原酒を飲める日が、待ち遠しくてなりません。

（上）一般的なフロアモルティングの様子
（下）黒木本店のバットでのモルティングの様子
通常モルティングには、広いスペースが必要となるが、黒木本店の方法であれば、小規模なクラフト蒸留所でも、自社で製麦まで行なうことができる

◎酒づくりのあらゆるノウハウを持つ八郷蒸溜所―茨城・木内酒造

ビール好きならご存じの常陸野《ひたちの》ネストビールをはじめ、清酒やワイン、焼酎なども手がける茨城県の木内《きうち》酒造は、2023年に創業200周年を迎える老舗の酒類メーカーです。

その木内酒造が今、新たにウイスキーづくりに取り組んでいます。2016（平成28）年より、額田《ぬかだ》のビール醸造所の2階でウイスキーづくりをスタート。その後、手狭になったこともあり、石岡《いしおか》市八郷《やさと》地区に八郷蒸溜所を開設。2020年春から蒸留を開始しています。

蒸留器はフォーサイス社製で、初留釜も再留釜もいたってオーソドックスです。

一方で、糖化槽とろ過槽が別々になっていたり（ウイスキーの蒸留所では糖化槽とろ過槽は一体型が主流です）、発酵槽はヨーロピアンオークのミックス材あり、アカシア材あり、ステンレス製ありと、随所に工夫が見られます。

さらに、総合酒類メーカーとしてさまざまな発酵の技術を持つ木内酒造らしく、酵母培養タンクを5基そなえています。

木内敏之《としゆき》副社長によると、目指しているのは〝日本らしいウイスキー〟。

「日本でスコッチタイプのウイスキーをつくろうとしても、本場にかなうわけがありません。

一般的な一体型とは異なる八郷蒸溜所の糖化槽（奥）とろ過槽（手前）。ほかの酒類で培ったノウハウと、新規参入だからこその工夫が随所に見られる

ビールもそうでした。であれば、日本の原材料を使って日本らしいウイスキーをつくればいい。そう考えています。今後は、あらゆる穀物と酵母を使ったウイスキーづくりにチャレンジします」

筑波山麓でどんなウイスキーが生まれるのか、今から楽しみです。

◎グレーン原酒づくりも行なう桜尾蒸留所―広島・中国醸造

世界遺産の宮島《みやじま》にほど近い、広島県廿日市《はつかいち》市に中国醸造はあります。創業は1918（大正7）年。当初は焼酎などをメインにつくっていましたが、1963（昭和38）年からは日本酒づくりにも取り組み、その後はリキュールやみりん、地ウイスキー「戸河内《とごうち》」など、多様なアルコール飲料を製造しています。その中国醸造が創業１００周年にあたる２０１８（平成30）年、正式オープンさせたのが桜《さくら》尾《お》蒸留所です。

開設当初に取材した際は、蒸留器はホルスタイン社製のハイブリッドスチルが１基のみ。これでウイスキーとジンをつくっていました。しかし、２０１９年には蒸留器を追加し、２基体制で本格的にモルトウイスキーづくりを行なっています。

さらに、桜尾蒸留所はグレーンウイスキーの製造も開始しています。シングルモルトは、スコッチの不況を盛り返した立役者です。スコットランドでも、そして国内でも、クラフト蒸留所の多くはシングルモルトをメインとしています。しかし、グレーンウイスキーをつくっている小規模蒸留所はあまり聞きません。

ただ、スコッチ全体の消費量を見れば、シングルモルトが占める割合はわずか１割にすぎず、今なお主流はブレンデッドです。こうした状況を鑑《かんが》み、「世界で戦うにはブレンデッドウイスキーもつくるべきだ」とグレーンウイスキーの製造に踏み切ったのだとか。ゆくゆくは１００％自社原酒のブレンデッドウイスキーをつくる計画だといいます。つまり

◎戸河内
2003年に17年熟成が発売。現在はノンエイジと8年熟成のほか、熟成樽を工夫した限定商品「SAKE CASK FINISH」と「BEER CASK FINISH」などがある

「戸河内」シリーズでは、海外産のモルトウイスキーやグレーンウイスキーを使用していた中国醸造。現在は、グレーンも含めて自社原酒の製造に取り組んでいる

シングルブレンデッドです。

これだけでも十分に驚きなのですが、製造法も大変画期的です。

通常、グレーンウイスキーは連続式蒸留機で蒸留します。ところが桜尾蒸留所では、モルトと同じ2回蒸留、それも初留は単式の焼酎蒸留器で蒸留し、再留は連続式と同じコラムスチルを併用して蒸留。ウイスキーの技と焼酎の技を融合させたユニークなシステムを採用しているのです。ニューポットを試飲させてもらったところ、グレーンウイスキーながら風味が豊かで香りもよく、ポテンシャルの高さを感じました。進化を続ける桜尾蒸留所に今後も要注目です。

◎樽熟成の知見を有する嘉之助蒸溜所―鹿児島・小正醸造

小正《こまさ》醸造は、１８８３（明治16）年創業の老舗の焼酎蔵です。看板商品は「メローコヅル」。日本ではじめての、長期熟成させた米焼酎です。

今からおよそ50年前。二代目小正嘉之助《かのすけ》は、ウイスキーやブランデーなど、世界の名だたる蒸留酒が貯蔵熟成されていることを知り、「日本の蒸留酒である米焼酎も貯蔵熟成すれば必ずうまくなる」と思いつきます。そこで、長期貯蔵に耐えうる原酒をつくり、オーク樽で6年熟成させせました。こうして生まれたのが前出のメローコヅルです。初披露は１９５７（昭和32）年。メローコヅルは、近年話題となっている樽熟成焼酎の〝元祖〟なのです。

その小正醸造が、２０１７（平成29）年11月、鹿児島県日置《ひおき》市の吹上浜《ふきあげはま》に嘉之助蒸溜所をオープンしました。蒸溜所の設備は、糖化槽から発酵槽、蒸留器にいたるまで、すべて日本の三宅製作所が手がけています。設計設備のすべてをスコットランドのフォーサイス社に一任した後出の厚岸《あつけし》蒸溜所とは好対照です。

蒸留器は初留、再留の2基1組が通常のところ、嘉之助蒸溜所は初留用の大サイズ、再留・初留兼用の中サイズ、再留用の小サイズの3基を有しています。これには、蒸留器を使い分け

小正醸造の嘉之助蒸溜所にある3基の蒸留器（ポットスチル）。手前から、大・中・小のサイズになっている

て酒質のバリエーションを広げる狙いがあるとのこと。焼酎に熟成という概念をはじめて持ち込んだ小正醸造は、ウイスキーではどんな革新を見せてくれるのか。２０２０年冬にリリースが予定されている、第一弾ウイスキーへの期待は高まるばかりです。

なお、嘉之助蒸溜所は見学も受け付けていま す。併設の「THE MELLOW BAR」で、東シナ海に沈む夕日を眺めながら飲むひとときはまさに至福。鹿児島観光の折には、ぜひ立ち寄ることをおすすめします。

◎2蒸留所体制の快挙を達成した本坊酒造―鹿児島・マルス津貫蒸溜所

地ウイスキーブームを牽引した「西のマル

本坊酒造の津貫蒸溜所。中小規模のクラフトウイスキーメーカーの中で、世界的に見ても確かなポジションを獲得している

ス」こと本坊酒造が、長野県宮田村にマルス信州蒸溜所を開設したのは１９８５（昭和60）年のこと。その信州蒸溜所に次ぐ第二の蒸留所として、２０１６（平成28）年、マルス津貫《つぬき》蒸溜所はオープンしました。信州蒸溜所が標高約８００ｍの中央アルプスの麓《ふもと》にあるのに対し、鹿児島県南さつま市にある津貫蒸溜所は、国内最南端のウイスキー蒸留所です。

国内で複数の蒸留所を持つメーカーは、サントリーとニッカウヰスキーに続き、これで３社目になります。本坊酒造のマルス津貫蒸溜所の開設はまさに快挙です。

さらに、本坊酒造は信州蒸溜所、津貫蒸溜所それぞれに熟成庫を持つほか、屋久島にも熟成庫をかまえています。

「同じ原酒を三つの異なる環境で寝かせたらどうなるのか。今後は信州、津貫の原酒をそれぞれ3カ所で熟成させて、その違いを見てみたいですね」

そう話すのは本坊酒造の本坊和人《かずと》社長。2蒸留所、3熟成庫体制を真似できるクラフト蒸留所は当分、現われないでしょう。かつての「西のマルス」が、「世界のマルス」となる日は、そう遠くないかもしれません。

本坊酒造は観光客の誘致にも積極的です。信州、津貫の両蒸溜所には見学者用の順路が整備され、ショップやバーがあり、試飲アイテムも充実しています。特に、津貫蒸溜所のビジターセンター「寶常《ほうじょう》」は、わざわざ足を運ぶ価値ありです。

寶常は、本坊酒造二代目社長の邸宅を改装したもの。築87年の古民家のたたずまいと、四季折々に違った表情を見せる庭園を愛でながら、ウイスキーをはじめとする本坊酒造の銘酒を楽しむことができるのです。

◎〝見せる〟を意識した静岡蒸溜所──静岡・ガイアフロー

ここまで見てきたように、クラフト蒸留所の多くは、焼酎や日本酒、ビールなどの酒類メーカーが運営しています。しかし、なかには、まったくの異業種から参入しているところもあります。その一つが、ガイアフローの静岡蒸溜所です。

ガイアフロー代表取締役の中村大航《なかむらたいこう》さんは、三代続く精密部品会社の代表でした。ところが、ウイスキー好きが高じてスコットランドのアイラ島を旅した際、転機が訪れます。「キルホーマンのように小規模ながらも世界で知られるウイスキーを生み出す蒸留所を見て、思ったんです。この規模であれば、自分もウイスキーをつくれるのではないか、と」

そこで中村さんはまず、輸入ウイスキーの会社を設立。輸入ウイスキーの販売をしながら、蒸留所開設の準備を進めていきました。

2016（平成28）年にオープンした静岡蒸溜所は、クラフトでは珍しい、見学を前提とした設計になっています。麦芽の粉砕から糖化、発酵、蒸留、そして熟成まで、すべての工程を間近で見学できます。ちなみに、4基ある蒸留器の一つは、2012（平成24）年に完全閉鎖となったメルシャン軽井沢蒸留所から引き継いだものです。

静岡蒸溜所はまた、静岡産の杉桶で発酵を行なったり、蒸留器の加熱法に薪《まき》直火焚きを採用したりと、世界に類のないユニークな試みもしています。杉桶での発酵も、薪直火焚きでの蒸留も、おそらくは業界初。原材料のすべてを静岡産でそろえた静岡100％ウイスキーも仕込んでおり、こちらにも注目が集まっています。

静岡蒸溜所初の、3年熟成シングルモルトウイスキーがリリースされるのは2020年秋とのこと。その登場を、世界中のファンが首を長くして待っています。

ガイアフロー静岡蒸溜所。
（右上）麦芽粉砕機
（左上）杉桶の発酵槽
（右下）蒸留器
（左下）熟成庫
というように、蒸留所内の工程を見て回ることができる。また、各箇所には廊下や階段も設置されており、非常に近い距離でウイスキーづくりを見学することができる

堅展実業の厚岸蒸溜所。樋田さんが魅せられたアードベックがつくられているアイラ島に似た環境として、厚岸が選ばれた

◎フォーサイス社がプロデュースした厚岸蒸溜所――北海道・堅展実業

北海道厚岸町に建つ厚岸蒸溜所も異業種からの参入組です。蒸溜所オーナーの樋田恵一《といたけいいち》さんは、食品原材料の輸入商社・堅展《けんてん》実業の二代目。ある日、バーでアードベッグ17年を飲んで衝撃を受け、シングルモルトの魅力に開眼し、これを機に国内のウイスキーを海外に輸出する事業をはじめました。

しかし、ジャパニーズウイスキー人気により、製品確保が困難に。「それなら自分たちでウイスキーをつくってみたらどうだろうと考えるようになり、蒸留所の開設を決めたのです」と樋田さん。

アイラ島の風景を求めてたどり着いた厚岸町に蒸溜所が完成したのは、２０１６（平成28）年。

その年の11月から本格的にウイスキーづくりがスタートしました。

厚岸蒸溜所の最大の特徴は、糖化槽から発酵槽、蒸留器に至るまで、すべての設計設備をスコットランドの老舗蒸留器メーカー・フォーサイス社が手がけているところ。フォーサイスがすべてプロデュースした蒸留所はほかにありません。数あるクラフト蒸留所のなかでも王道をいくスタイルです。

◎厚岸ウイスキー SARORUNKAMUY
蒸溜所初のシングルモルトとして発売され、「サンフランシスコ・ワールド・スピリッツ・コンペティション（SWSC）2020」において、「最優秀金賞」を受賞した

もう一点、地元と二人三脚のウイスキーづくりも注目を集めています。大麦を地元で栽培したり、町内の道有林に生えている樹齢200年を超すミズナラで樽をつくったりと、地域の活性化に大きく寄与しているのです。さらに、地元の道の駅「厚岸味覚ターミナル・コンキリエ」主催で見学ツアーも定期的に開催されています。厚岸蒸溜所のウイスキーを試飲しながら厚岸名産の牡蠣《かき》も味わえるという、実においしいツアーです。

2020年2月には、ファン待望の3年超熟成シングルモルトウイスキー「厚岸ウイスキーSARORUNKAMUY」がリリースされました。200㎖で希望小売価格は5000円（税抜）。決して安いとはいえない価格ながら、あっという間に完売となりました。そして20

20年10月には、初のフルボトルのシングルモルトが発表されます。さらに2021年からは、厚岸産のピートを使った自社製麦にもチャレンジするとのこと。非常に楽しみです。

焼酎メーカーはなぜウイスキーを目指すのか

近年、焼酎メーカーがそのノウハウを活かしてウイスキー業界に参入するケースが増えてきています。前節で取り上げた本坊酒造、黒木本店、中国醸造、小正醸造も、長らく焼酎をつくってきました。なぜ、多くの焼酎メーカーがウイスキーづくりを志すようになったのでしょうか。

それぞれの事情はあるでしょうが、一つは、焼酎とウイスキーには製造上の共通点があり、チャレンジしやすいというのが理由でしょう。どちらも穀類などを原料としていますし、蒸留という工程も共通しています。ワイン、ビール、日本酒のつくり手よりも、焼酎のつくり手のほうがウイスキー製造に対する親和性が高いのです。

加えて、ウイスキーへの忸怩《じくじ》たる思いが、焼酎メーカーをウイスキーづくりに駆り立てるているのではないかとも感じています。焼酎もウイスキーも同じ蒸留酒です。けれども市場規模はまったく違います。ウイスキーが世界で飲まれているのに対して、焼酎の現状はそうではありません。以前、小正醸造の小正芳嗣《よしつぐ》社長に、ウイスキーづくりをはじめた理由を尋ねたことがありますが、小正社長からはこんな答えが返ってきました。

「『悔しさ』ですね。焼酎の輸出をしていて、焼酎を広めたいという気持ちがありながらも、日本以外にはなかなか広がっていかない。その悔しさが、ウイスキーに目を向けるきっかけになりました」

6年ほど前、スコットランドの商社から、「メローコヅル」を輸入したいという申し出があったそうです。商談が済んで輸出の段取りも終えたのに、先方からいっこうに連絡がこない。状況を問い合わせたところ、「ものはすごくいいけれど、海外の人間には焼酎がわからない」といわれ、話は白紙に。スコットランドで焼酎が認められたというよろこびから、一気に絶望に突き落とされた小正さんは、同時にこう考えるようになります。

「焼酎が世界に認められるようになるには、まずは焼酎で培った自分たちの技術をウイスキーで思い切り表現するしかない。そして『この嘉之助のウイスキーはなんだ？　そのバックボーンにある焼酎づくりの技術とは、いったいなんだ？』と関心を持ってもらうほかない」

焼酎とウイスキーの差を縮めたい。焼酎を世界の酒にしたい。そんな思いが、ウイスキーづくりに取り組む焼酎メーカーにはあるのではないでしょうか。

それにしても、焼酎はどうしてグローバルな酒になれないのでしょう。不思議に思う方もいるはずです。私は、焼酎づくりに欠かせない麹《こうじ》が西洋にはなく、なじみのないことが一つの要因ではないかと考えています。

序章で触れたように、穀物からお酒をつくるには、穀物をまず糖化させる必要があります。ただしそのままでは糖化できないので、ウイスキーをはじめとする西洋のお酒は大麦を発芽させた麦芽を用います。麦芽のなかに生成されたアミラーゼなどの酵素がデンプンを分解し、糖化するのです。一方、日本酒や焼酎では、カビの一種（真菌《しんきん》）である麴菌の力、つまり微生物の力を借りて糖化させます。

麴を用いた酒づくりは、東洋独自の技術です。東洋独自ということは、西洋の人にとっては「未知」のもの。大麦麦芽の酒を飲み慣れた西洋の人にとって、麴を用いる焼酎は、同じ蒸留酒とは感覚的に思えないのではないでしょうか。麴由来のフレーバーが苦手な人も多いと聞きます。

であれば、麴ではなく麦芽を使って焼酎をつくったらよさそうなものですが、残念ながらそれはできません。日本の酒税法で麦芽の使用は認められないからです。麦芽の使用を禁じるのは、ウイスキーと区別するためです。

加えて、焼酎には「着色度合がいずれも０・０８０以下」という色の規定があります。これが焼酎の〝光量規制〟で、透過光を測る機械で測定し、その上限の値が０・０８０と決められているのです。蒸留したてのウイスキーは無色透明です。樽で熟成させることであの琥珀《こはく》色になります。一般的なウイスキーの着色度は0・4〜9・8程度。ウイスキーに比べて、焼酎は色がかなり薄いことがおわかりいただけるでしょう。

この規定があるため、焼酎メーカーは色が着いてしまう恐れのある長期熟成になかなか踏み切れません。焼酎の着色度が基準値を超えた場合は、ろ過して脱色したり、ほかの焼酎とブレンドして色を薄めたりして、調整しなければいけないからです。

さらにいえば、焼酎（本格焼酎）は瓶詰めの上限度数も45％未満と酒税法で定められています。つまり、ウイスキーなどで一般的となりつつある50度、60度という製品はつくれないことになります。

麹を用いること。着色度に規定があるため長期熟成しづらいこと。45％未満という度数制限があること。この三点が焼酎の海外での広まりの障害となっているのではないでしょうか。だからこそ、焼酎メーカーもまずはウイスキーで世界に打って出ることを考えているのです。

焼酎メーカーから革新的なウイスキーが生まれる

市場規模はウイスキーにおよばないものの、日本独自の焼酎というお酒づくりで培った知見は、ウイスキーをつくるうえでは大きなアドバンテージとなるかもしれません。

たとえば、アルコール発酵のために加える酵母は、ウイスキーでは通常、ウイスキー用の酵母が使われます。一方、焼酎づくりでは焼酎用酵母が用いられます。焼酎メーカーがウイスキー酵母と焼酎酵母それぞれを活用できれば、味わいのバリエーションが増えるはずです。これはウイスキーづくりに取り組む日本酒メーカーについても同様で、日本酒メーカーは清酒酵母の知識が武器になるでしょう。

また、蒸留の工程に関しても、焼酎メーカーには独自のノウハウがあります。これまでのウイスキー業界には存在しなかった蒸留方法を持っているのです。

まず一般的に、ウイスキーの蒸留は、加熱方法によって「直接加熱」と「間接加熱」に分けられます。

［図4］**ウイスキーの蒸留方法**

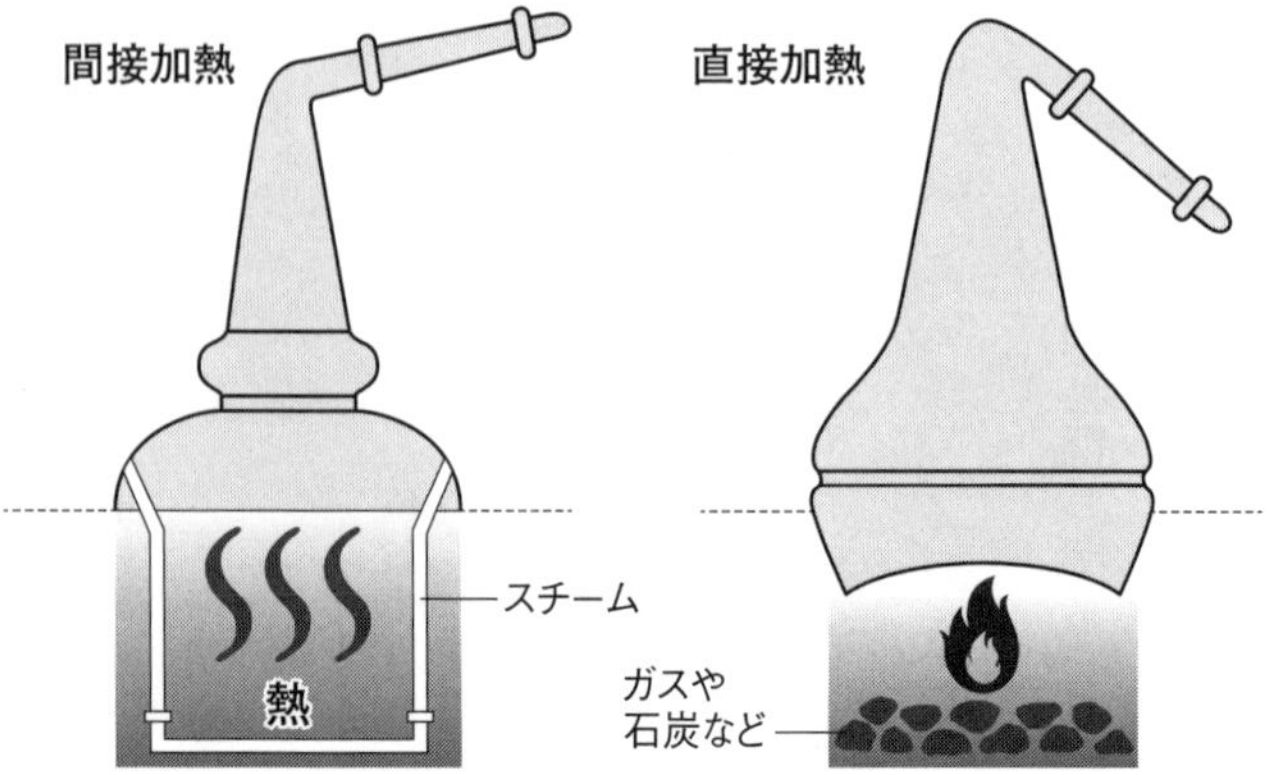

一般的なウイスキー蒸留所で行なわれてきた「直接加熱」（右）と「間接加熱」（左）

「直接加熱」は、その名のとおり、石炭やガスなどで蒸留器を直接加熱する方法です。蒸留器をやかんに見立てて、石炭やガスの上にやかんをかけてお湯（もろみ）を沸かすイメージ、と思っていただけるとわかりやすいでしょう。

一方の「間接加熱」は、蒸留器内部にスチームパイプがコイル状に通っています。パイプ内に高温スチームを流し、その熱で蒸留器内のもろみを温める仕組みです。

基本的に、ウイスキー蒸留所はこのどちらかを採用してきました。

しかし、焼酎の蒸留には、これとはまた違う「直接加熱」と「間接加熱」の方法があります。

焼酎の「直接加熱」の蒸留器には、スチームパイプの吹き出し口が直に差し込まれています。このスチームパイプから蒸留器内に直接スチームを吹き込み、もろみを動かしながら温めるシ

［図5］**焼酎の蒸留方法**

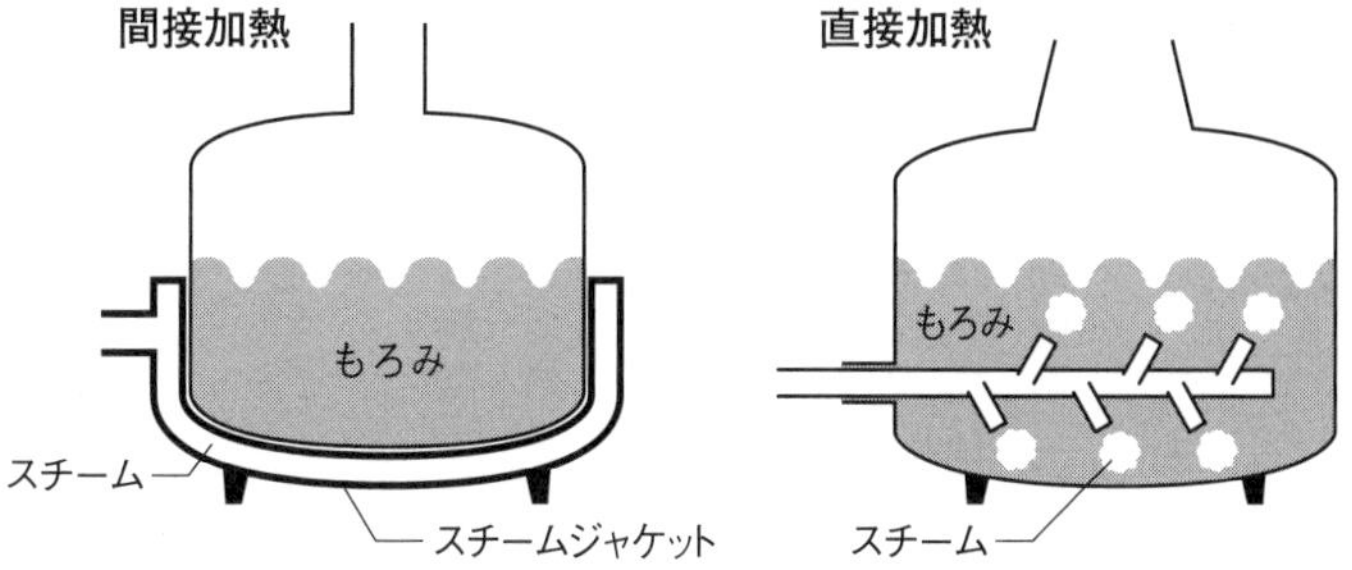

焼酎の蒸留で一般的に行なわれてきた「直接加熱」（右）と「間接加熱」（左）。名称は同じでも、ウイスキーとは仕組みがかなり異なる

ステムです。

また、焼酎の「間接加熱」の蒸留器には、まわり（外側）にスチームジャケットという薄い槽が設置されています。このスチームジャケットにスチームを通すことで、蒸留器を外から温める仕組みをとっています。なお、少数派ではありますが、石垣島《いしがきじま》や与那国島《よなぐにじま》でつくられる泡盛には直接釜の下に火を当てる「直釜《じがま》式《しき》」という蒸留器もあります。

少々説明が長くなりましたが、この両者の違いの何に注目すればいいかというと、ウイスキー蒸留における「間接加熱」と、焼酎における「直接加熱」との差です。

ウイスキーの「間接加熱」はスチームパイプが蒸留器のなかに通ってはいますが、パイプを通るスチームの熱だけが外部に伝わるので、スチームがもろみと直接触れることはありません。一方、焼酎の「直接加熱」は、スチームを蒸留器のなかに直接吹き込むので、スチームともろみが直に触れます（ややこしいので、以降では、焼酎の直接加熱を「直噴式《ちょくふん》」と呼びます。「スチームをもろみに直に噴射する」ので直噴式です）。

するとこれまでのウイスキーにはなかったメリットが生まれる可能性があるのです。

そもそも、なぜ焼酎では「直噴式」を採用してきたのかというと、理由は焼酎のもろみの粘性にあります。ウイスキーのもろみと比較すると、格段に粘性が高く、ドロドロしているのです。特に芋焼酎はポタージュのようになります。

つまり、焼酎のもろみをウイスキーの「間接加熱」方式で温めたら、スチームパイプにもろみがこびりついたり、場合によっては焦げついてしまうわけです。

しかし、「直噴式」であれば、スチームでもろみが動きます。結果、自然と攪拌されることになり、焦げつくリスクは低くなります。「直噴式」は、粘性の高いもろみをスムーズに蒸留するべく、日本人が知恵をしぼって生み出した蒸留法だったのです。

そして、その日本独自の蒸留方式であるがゆえに、ウイスキーの世界ではこれまで「直噴式」での加熱は試されたことがありませんでした。「直噴式」そのものが海外ではほとんど知られていないので、これは当然といえます。

しかし、焼酎メーカーにとって「直噴式」は「当たり前」の蒸留法であり、尾鈴山蒸留所のようにウイスキーづくりにも導入するメーカーが出てきているのです。

では、焼酎よりも粘度が低いウイスキーのもろみを、直噴式で蒸留したらどうなるか――もろみの状態にもよりますが、通常の方法で蒸留した場合よりも、常にスチームと触れ合っている分、味わいがよりソフトになると考えられます。

また、これまでのウイスキーにはなかった香味が出てくる可能性も考えられます。

日本には、焼酎や日本酒といった独自の酒があり、各メーカーにはそれぞれの酒づくりの経験があります。それをウイスキーづくりに活かせれば大きな強みとなるでしょう。

事実、尾鈴山蒸留所のボックスモルティングや直噴式蒸留器での蒸留、桜尾蒸留所のグレーンウイスキーの蒸留システムは、焼酎メーカーならではの発想であり、西洋の酒づくりしか知らない西洋のウイスキーメーカーからは、決して生まれてこないアイディアです。

焼酎メーカーや清酒メーカーの参入により、ジャパニーズウイスキーの世界はより豊かに、より広大になっていくと私は信じています。

クラフトウイスキーとクラフトジン

ビールにウイスキーとクラフトブームが続くアルコール飲料業界で、新たなブームが起きています。クラフトジンのブームです。ジンの本場イギリスでは、ジンをつくる蒸留所は300を超え、大手、クラフトを含めたウイスキーの蒸留所の数をついに超えたといわれています。さらにいえば、スコットランドやスペイン、アメリカ、オーストラリアなどでもクラフトジンブームが沸き起こっており、日本でもクラフトジンの蒸留所が増えています。

では、なぜウイスキーの本でジンについて取り上げるのか。それは、実はウイスキーとジンには深い関係性があるからです。実際、ウイスキー蒸留所のなかでジンをつくっているところも少なくありません。そこで本節では、クラフトジン事情について取り上げます。

ジンは、マティーニやジントニックなどのカクテルに欠かせないスピリッツです。代表的な銘柄は、ビーフィーター、ボンベイサファイヤ、ゴードン、タンカレー、プリマスなど。

ジンの有名な銘柄にはロンドン生まれのものもあり、また、「ロンドンジン」「ロンドンドライジン」といった呼び方もあることから、ジン＝ロンドン発祥と思っている方もいるかもしれません。でも、そうではありません。

ジンのルーツは、オランダのジュニパーベリー入り飲料です。ジュニパーベリーとはセイヨウネズという木になる果実で、苦みと甘みの混ざり合った独得な風味があります。このジュニパーベリー入り飲料は、元々は薬用酒として開発され、それが18世紀ころにイギリスへと伝わり、少しずつ洗練されて現在のようなスタイルになったといわれています。

イギリス、特にイングランドの人々にとってジンは国民酒で、イングランドの家庭でジンを置いていないところはないといわれるほど。日本なら、仕事から帰ったら「まずはビールで一杯」となるところを、「ジントニックで一杯」がイングランド流なのです。

なお、イングランドで長らく飲まれてきたジンは、ビーフィーターをはじめとする大手のものです。クラフトジンの台頭は2000年ころになります。

では、そもそも「ジン」と呼ばれるにはどんな条件を

ジュニパーベリーの実。ジンは、このジュニパーベリーで風味づけされた酒である

満たしていないといけないのでしょうか。クラフトジン事情を理解するうえでも必要なので、先に説明しましょう。

まずEUでは、ジンは「農産物由来のエチルアルコールをジュニパーベリーで風味づけした、ジュニパーベリー風味のスピリッツ」と定義されています。つまり、ジュニパーベリーの使用は必須条件です。

「農産物由来のエチルアルコール」というのは、アルコール度数96％（EU基準）以上で蒸留したスピリッツのことで、これがジン製造のベーススピリッツ（原酒）となります。

とはいえ、「農作物由来」としか定義されていないので、ベーススピリッツの原料は穀物でも果実でもサトウキビでもかまいません。また、瓶詰め時の最低アルコール度数は37・5％と規定されています。

なお、ジンはその製造方法により三つの種類に分けられます。

【コンパウンドジン】

▽アルコール度数96％以上のベーススピリッツに加水してアルコール度数を落とし、ジュニパーベリーとボタニカル（香草、薬草、種子類）を漬《つ》け込んだもの。漬け込んだあとの再蒸留（再留）はなし。香味料や香味食材も使用できます。

【ディスティルドジン】

▽ベーススピリッツに加水してアルコール度数を50％前後に落とし、それにジュニパーベリーなどのボタニカルを漬け込み、伝統的な単式蒸留器で再留したもの（連続式蒸留機も可）。再留後に香料や精油などを添加してもよく、農産物由来のスピリッツを加えることも認められています。

【ロンドンジン（ロンドンドライジン）】

▽ボタニカルを漬け込み、伝統的な単式蒸留器で再留するところまではディスティルドジンと同じ。ただし、再留のアルコール度数は70％以上と定められています。

また、再留後に農産物由来のスピリッツを加えることはできますが、香料や精油などの添加は許されていません。ロンドンジン、ロンドンドライジンのどちらの表記も可能です。

ちなみに、現在「クラフトジン」と呼ばれるもののほとんどが、最もレギュレーションが厳しいロンドンジンです。なお、ロンドンジンは地理的表示ではありません。ロンドン以外のエリアでつくっても、定義に則っていればロンドンジンを名乗れます。

では、ジンの定義がわかったところで、話をクラフトジン事情に戻しましょう。

クラフトジンブームのはじまりは2000年前後。スコッチの低迷にあえいでいたウイスキーの蒸留所が、今ある設備で何か新しい取り組みはできないか、キャッシュフローを生み出せないかと考え、ジンづくりをスタートさせたのがきっかけです。その元祖といわれるのが「ヘンドリックス」です。

ヘンドリックスは、世界的に有名なシングルモルト「グレンフィディック」で知られるウイリアム・グラント＆サンズ社がガーヴァン蒸留所で製造するジンです。使っているボタニカルは11種類。再留後に、きゅうりのエッセンスとバラの花のエッセンスオイルを加えているのが特徴です。先のジンの種類だとディスティルドジンに該当します。

１９９９年にこのヘンドリックスがリリースされると、従来の大手のジンとは違う個性がまたたく間に話題となり、品評会でも多数の賞を受賞。現在のクラフトジンブームの礎を築きました。

以降、スコットランドのウイスキー蒸留所の多くがジンづくりに着手したのです。

ウイスキーメーカーがジンに目をつけたのは、まず、ウイスキーとジンの製造方法には共通点が多くあり、参入のハードルが低かったからでしょう。ウイスキー用の既存の設備も活用できるので、設備投資も少なくて済みます。

加えて、ジンはウイスキーのように熟成する必要がなく、つくったそばから販売できます。これはウイスキー蒸留所にとっては非常に魅力です。２０００年前後、スコッチ市場は回復の兆しを見せてはいたものの、20年近く続いた不況の影響が色濃く残っていました。売り上げ不振を理由に原酒の仕込みを完全に停止してしまえば、5年後、10年後に売れるウイスキーがなくなってしまいます。けれども、仕込むにはそのための費用が必要です。そこで、ジンをつくって売り、キャッシュフローを回すことにしたのです。企業体力が落ち込んでいたウイスキーメーカーにとって、ジンはまさに〝渡りに船〟でした。

また、ジンはウイスキーに比べると使える原料が多く、ボタニカルのセレクトによって個性が出しやすいという特性があります。その土地固有の、あるいは伝統的なボタニカルを使えば、付加価値も話題性も高まります。ほかの製品との違いを出しやすいジンに各社は商機を見出し、望みをかけたのです。

ジンをつくるウイスキー蒸留所が増えた背景には、以上のような理由があったと推測されます。そして、これは大手に限りません。スコットランドおよび日本のクラフトウイスキーの蒸留所も、ジンをつくっているところが少なくありません。どこも、原酒が熟成するまでのキャッシュフロー対策の一つとしてジンをつくっています。ニッカウヰスキーの竹鶴政孝は余市蒸溜所を開設した際、まずリンゴジュースを売ってウイスキーのための資金をつくりました。それと同じことです。

このように、ウイスキーとジンには深いつながりがあり、また、同じ蒸留酒ということもあり、私はジンの取材も重ねてきたのですが、最近はジンに特化した蒸留所も増えています。２００９年に製造をスタートしたシップスミス蒸留所は、ジン特化型蒸留所のパイオニアです。

ロンドンはジンカルチャー発祥の地です。しかし、１８２０年以降、ジンの蒸留所の建設は行なわれていませんでした。ロンドンにあるジンの蒸留所は、長らくビーフィーターのみだったのです。そのような現状を憂い、また、クラフトビールの流行にクラフトジンの可能性を見たシップスミスの創業者たちは、ジンの本場ロンドンで本格的なジンを復活させようと決意します。

ところが、ジンの蒸留免許がなかなか取得できません。ロンドンの関税当局は２００年もの間、蒸留免許を出していませんでした。ゆえに、ロンドンでは免許を出せないというのです。最終的に、スコットランドのグラスゴーにある関税当局で免許を申請しますが、許可が下りるのになんと2年もかかってしまいました。

２０１８年に取材した際、このときの顚末《てんまつ》をシップスミスの創業者たちが話してくれました。

「2年もかかってようやく下りた免許だから、女王陛下の紋章でも入ったさぞ立派なものだろうと期待していたんだ。でも、届いてみたら、普通の用紙に手書きのサインが入っている程度の簡素なもので、これには拍子抜けしたよ。おまけに、記載されていた免許取得日も間違っていたんだ。だから僕らは1年密造していたことになる（笑）」

シップスミスがつくるジンは、伝統的な製法でつくられたロンドンジンです。ロンドンで200年ぶりに産声を上げたクラフトジンをロンドンっ子は大いに歓迎し、今や年間8万ケースを売り上げる人気製品となっています。当初3名だったスタッフは、現在は80名ほどになっているとか。

このシップスミスの成功を見て、ロンドン市内にジンの蒸留所が次々に誕生。その数は30を超えています。

国内のクラフトジン事情

日本でも、クラフトジンの蒸留所が相次いでオープンしています。サントリーやニッカウヰスキーもジンをリリースしています。その一例を次ページの表12で紹介しましょう。

表12のうち、ウイスキーもつくっているのはサントリー、ニッカウヰスキー、宮下《みやした》酒造、中国醸造、本坊酒造、小正醸造です。そのほかは、焼酎メーカー、日本酒メーカー、泡盛メーカーなどさまざま。ジンに特化しているのは、紅櫻《べにざくら》蒸溜所と京都蒸溜所くらいでしょうか。

[表12] 国内でつくられているクラフトジンの代表的な銘柄

製造元	製造地の都道府県	銘柄名
サントリー	大阪府	ROKU〈六〉
ニッカウヰスキー	宮城県	カフェジン
養命酒製造	長野県	香の森
紅櫻蒸溜所	北海道	9148
黄金井酒造	神奈川県	黄金井
辰巳蒸留所	岐阜県	アルケミエ
京都蒸溜所	京都府	季の美 京都ドライジン
宮下酒造	岡山県	クラフトジン 岡山
中国醸造	広島県	桜尾ジン
中野 BC	和歌山県	槙 ―KOZUE―
京屋酒造	宮崎県	油津吟
高田酒造場	熊本県	jin jin GIN
本坊酒造	鹿児島県	和美人
佐多宗二商店	鹿児島県	AKAYANE CRAFT GIN
濱田酒造	鹿児島県	樹々
小正醸造	鹿児島県	KOMASA GIN
瑞穂酒造	沖縄県	ORI-GiN 1848
まさひろ酒造	沖縄県	まさひろオキナワジン

ジャパニーズジンの特徴は、山椒《さんしょう》や柚子《ゆず》、ふきのとう、昆布、クロモジ、桜葉など、日本らしいボタニカルが使われていること。中国醸造の桜尾ジンは国産のジュニパーベリーであるネズミサシにこだわっています。こうした〝日本らしさ〟が海外でもウケ、原酒不足のウイスキーに代わる蒸留酒として輸出も増えています。

また、国内のクラフトジン蒸留所の多くが、焼酎、泡盛、ウイスキー、日本酒など、ジン以外の酒づくりの経験がある点も見逃せません。これはつまり、その気があれば、国内のクラフトジン蒸留所はベーススピリッツを自社でつくれるということです。

先述のとおりイギリスにはたくさんのジン蒸留所ができていますが、ベーススピリッツを自分でつくっているところは珍しく、多くは他社から購入しています。ベーススピリッツはアルコール度数96％以上（EU基準）なので、原料がなんであれ、その風味はほとんど残りませんけれど、わずかに残る風味がジュニパーベリーやほかのボタニカルの風味と結びつき、唯一無二の個性となる可能性もあります。何より、消費者の食への安全・安心へのニーズが高まる昨今、自社製であればそれだけで十分な付加価値になるはずです。

さらに焼酎メーカーは、先ほどの直噴式の蒸留器を利用できるという強みもあります。

ジンの蒸留方法には、大きく二つあります。一つは、ヴェイパーインフュージョン法です。こちらはまず、ジュニパーベリー、香草、薬草、種子などのボタニカルを専用のバスケットな

［図6］**ジンの蒸留方法**

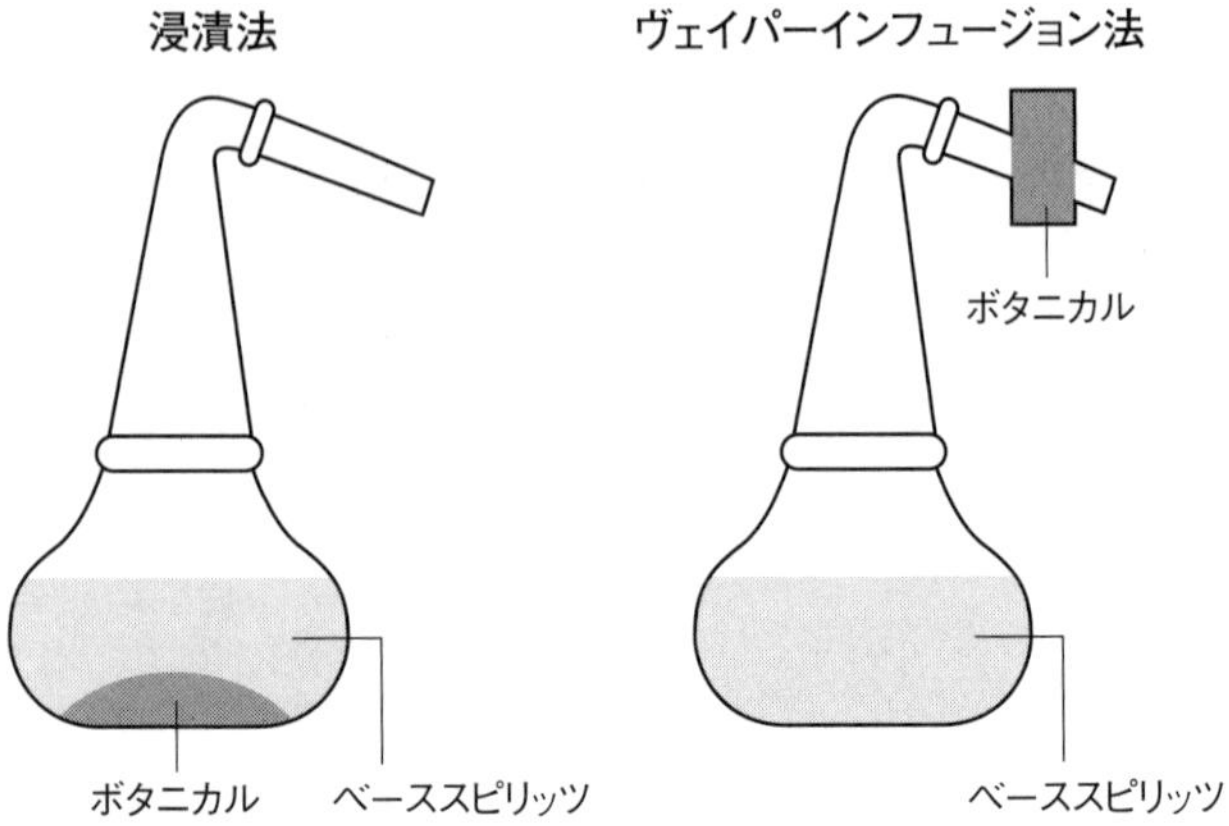

ジンの蒸留で一般的に行なわれてきた「ヴェイパーインフュージョン法」（右）と「浸漬法」（左）

どに入れて、蒸留器の上部に設置します。次に、加水したベーススピリッツを入れ、蒸留器を加熱。アルコール蒸気をボタニカルに通すことで、フレーバーや香りを抽出する仕組みです。

もう一つが、ベーススピリッツにボタニカルを漬け込んで風味を移し、その後蒸留する浸漬《しんし》法です。浸漬法はさらに、ボタニカルの漬け込み方によって、ベーススピリッツにボタニカルを入れたまま蒸留する方法、別のタンクであらかじめ漬け込んでおき、蒸留する際にはボタニカルを取り出す方法などに分かれます。

ちなみに、浸漬法でベーススピリッツをボタニカルごと蒸留する場合、ボタニカルが焦げつく恐れがあります。そのため、蒸留器の内部にはたいてい攪拌するプロペラがついていますが、焼酎の直噴式の蒸留器であればプロペラは必要ありません。蒸気を直接吹き込むため、常時、対流が起こっているからです。

直噴式の蒸留器を使えば、西洋式の浸漬法よりも簡便に蒸留でき、焦げつきもなく、さらに、すっきりとしたソフトなジンに仕上がります。焼酎メーカーがつくるジンは、今後、おもしろい進化を見せるかもしれません。

いずれにしても、西洋にはない日本独自の酒づくりの知識と技術を活かせれば、ジャパニーズウイスキーと同様に、国産クラフトジンもさらなる発展を遂げるでしょう。

ジンは、時をともなわないスピリッツです。一方、ウイスキーは熟成という、長い時間とともに育つスピリッツです。対極にあるスピリッツだからこそ、世界中の人が今、ジンとウイスキーに夢中になるのかもしれません。クラフトウイスキーとクラフトジンのブームは、もうしばらく続きそうです。

第5章

ジャパニーズが世界に冠たるウイスキーであるために

ジャパニーズウイスキーの光と闇

第3章、第4章で見てきたように、ジャパニーズウイスキーは今、国際市場においてその地位を確立しつつあります。しかし、ここにきて大きな問題が浮上しています。ジャパニーズウイスキーの定義についてです。

この問題について詳しくお話しする前に、一つ、クイズを出します。次の①〜③はジャパニーズウイスキーと呼べるでしょうか？　ちょっと考えてみてください。

①国内でつくられたモルトウイスキー、またはグレーンウイスキーが1割で、残りの9割が醸造アルコールの製品
②海外から輸入したウイスキーを日本で瓶詰めした製品
③大麦麦芽を糖化・発酵・蒸留し、その後、樽で熟成せずに瓶詰めした製品

いかがでしょうか。①〜③のどれも、「ジャパニーズウイスキーではない」と回答した方が

ほとんどではないでしょうか。③に至っては、「そもそもウイスキーの定義からはずれるのでは？」と思った方もいるはずです。

ところが、日本においては、①～③はすべてジャパニーズウイスキーを名乗ることができます。ラベルにジャパニーズウイスキーと大きく表示して国内で販売するだけでなく、海外で売ることもできますし、実際に流通しています。戦後の混乱期の話をしているのではありません。令和の今まさに起きている現実なのです。

なぜ、このような問題が起こるのか。それは、どんな要件を満たせば「ジャパニーズウイスキー」、あるいは「日本産ウイスキー」といえるのかを定める法律が、日本には存在しないからです。

序章で触れたように、ウイスキーの定義に関しては酒税法がありますが、これは品質を担保する内容にはなっていません。ここで改めて、44ページでも挙げた酒税法上のウイスキーの定義を少し詳しくした形で再掲してみます。

【日本の酒税法上のウイスキーの定義】

イ　発芽させた穀類及び水を原料として糖化させて、発酵させたアルコール含有物を蒸留したもの（当該アルコール含有物の蒸留の際の留出時のアルコール分が95度未満のものに限る）

ロ　発芽させた穀類及び水によって穀類を糖化させて、発酵させたアルコール含有物を蒸留したもの（当該アルコール含有物の蒸留の際の留出時のアルコール分が95度未満のものに限る）

ハ　イ又はロに掲げる酒類にアルコール、スピリッツ、香味料、色素又は水を加えたもの（イ又はロに掲げる酒類のアルコール分の総量がアルコール、スピリッツ又は香味料を加えた後の酒類のアルコール分の総量の１００分の10以上のものに限る）

ここでいう「イ」は一般にモルトウイスキーを、「ロ」はグレーンウイスキーを指すと考えていただいて結構です。右のイ、ロ、ハを満たせば、酒税法上はウイスキーと認められます。では、この定義のどこが問題なのか、順に見ていきましょう。

◎ジャパニーズウイスキーの問題点①　生産場所に関する規定がない

世界五大ウイスキーのうち、スコッチウイスキーもアイリッシュウイスキーも、そしてアメリカン、カナディアンも生産場所に関する規定があります。

スコッチは「スコットランドの蒸留所で糖化、発酵、蒸留を行なう」、アイリッシュも「アイルランド、または北アイルランド国内」、アメリカン、カナディアンも「アメリカ合衆国」

「カナダ国内」と明文化されています。

加えて、スコッチウイスキー、アイリッシュウイスキーは地理的表示です。地理的表示は簡単にいうと、「地域ブランド」を生産者以外に勝手に使用させないためのルールで、国内外での模倣品や類似品の販売防止に効果を発揮します。

たとえば、スコッチの伝統的な製法に則ってつくったウイスキーであっても、日本でつくったウイスキーがラベル等にスコッチと表示することはできず、表示した場合は、行政の取り締まりの対象となるのです。

一方、日本の酒税法には、生産場所に関する記述がまったくありません。結果として、外国産ウイスキーと日本産ウイスキーを混ぜても「ジャパニーズウイスキー」、中身が100%外国産ウイスキーであっても国内で瓶詰めしていれば「ジャパニーズウイスキー」という詭弁《きべん》がまかり通ってしまうのです。

◎ジャパニーズウイスキーの問題点②　熟成しなくても「ウイスキー」

樽熟成に関してもほかの五大ウイスキーでは詳細な規定があり、それぞれ次のようになっています。

【スコッチウイスキー】
・容量700ℓ以下のオーク樽に詰める
・スコットランド国内の保税倉庫で3年以上熟成させる
【アイリッシュウイスキー】
・容量700ℓを超えない木製樽に詰める
・アイルランド、または北アイルランドの倉庫で3年以上熟成させる
【アメリカンウイスキー】
・オーク樽で熟成させる（コーンウイスキーは必要なし）
【カナディアンウイスキー】
・小さな樽（700ℓ以下）で3年以上熟成させる

「穀物を原料とする」「蒸留を行なう」「木製容器で熟成する」。これがウイスキーの三大要件です。日本を除く五大ウイスキーは、アメリカンのコーンウイスキーのように一部例外はありつつも、基本的にはこの要件をすべて満たしています。

ところが日本の酒税法では、そもそも熟成についての言及がまったくありません。これでは、熟成せずともウイスキーを名乗ることができてしまいますし、木製ではなくプラスチックやホーロー製の容器に5年貯蔵したような製品も、「5年熟成」などといってウイスキーと謳うことが可能です。しかも、そこに「ジャパニーズ」を冠してもなんの罰則もないのです。

◎ジャパニーズウイスキーの問題点③〝混ぜ物〟は9割までOK

そして酒税法の最大の問題点が「ハ」です。

「ハ」の（ ）内をよく読んでみてください。

ハ　イ又はロに掲げる酒類にアルコール、スピリッツ、香味料、色素又は水を加えたもの（イ又はロに掲げる酒類のアルコール分の総量がアルコール、スピリッツ又は香味料を加えた後の酒類のアルコール分の総量の１００分の10以上のものに限る）

これはつまり、ひらたくいうと「モルトウイスキーあるいはグレーンウイスキーが10％入っていれば、残りが醸造（ブレンド用）アルコールでも、ジンやウォッカでもＯＫ」ということです。ちょっとびっくりしませんか？

［表13］**五大ウイスキーに関する主な法規制内容**

種別	スコッチ	アイリッシュ	バーボン	カナディアン	ジャパニーズ
規制する法律	スコッチウイスキー法	アイリッシュウイスキー法	連邦アルコール法	食品医薬品法	酒税法
原材料	穀物類	穀物類	トウモロコシ51％以上使用	穀物類	穀物類、穀物原料のアルコール類を10％以上使用（9割まで穀類以外の使用可）
製造・熟成の場所	スコットランドの蒸留所で製造／スコットランドの保税倉庫で熟成	アイルランド、または北アイルランドの保税倉庫で熟成	アメリカ合衆国で製造・熟成	カナダで製造・熟成	規定なし
熟成方法	容量700ℓ以下のオーク樽に詰める	木製樽に詰める	内側を焦がしたオークの新樽に詰める	容量700ℓ以下の木樽に詰める	規定なし
最低熟成年数	3年以上	3年以上	2年以上（ストレートバーボンの場合）	3年以上	規定なし

そして、実際、低価格帯の製品には、ウイスキー以外のスピリッツや醸造アルコールを混ぜた、ウイスキー風のアルコール飲料が少なくないのです。量販店や大型スーパーに行ったら、売り場に陳列されている国産ウイスキーのなかで一番安い製品のラベルをチェックしてみてください。原材料欄にスピリッツやブレンド用アルコールと記載されているものがあると思います。

醸造アルコールを使ってもウイスキーを名乗れるというのは、ほかの五大ウイスキーの産地では絶対にありえません。日本では、醸造アルコール入りのウイスキーは戦後からずっと認められてきました。そのおかげで、戦後の物不足の時期にもウイスキーが飲めたという側面はあるでしょう。しかしその結果、諸外国にはない「原酒混和率」などという用語が存在しています。この点をうやむやに放置しているのは日本だけなのです。もはや戦後すぐの状況とは違います。早急に見直すべきです。

ジャパニーズウイスキーへの提言

酒税法の定義がこれほどまでにゆるいのは、課税を目的としているからでしょう。酒税法はあくまでも課税の対象を決めるもの。品質の定義については守備範囲外というわけです。

また、ジャパニーズウイスキーが世界的な品評会で賞を受賞する2001（平成13）年以前は、ジャパニーズウイスキーのほとんどは国内で消費されていました。ゆえに、きちんとした定義づけがなくても、あまり問題にならなかったのでしょう。

結果として、冒頭のクイズにあるような、醸造アルコールが9割のものも、海外から輸入したウイスキーを日本で瓶詰めしただけのものも、堂々とジャパニーズウイスキーを名乗れるという現実があるのです。そして、こうした製品は海外でも売られています。さらにいうと、あえて国内で売らずに海外でのみ売っている製品もあります。

ただ、誤解しないでいただきたいのは、私は「外国産のウイスキーを混ぜるべきではない」といっているわけではありません。自社が理想とするウイスキーの風味を出すためには、特定の外国産ウイスキーが欠かせないというケースもあるでしょう。原酒が不足するなか、外国産ウイスキーを混ぜないことには需要に応えられないという事情も考えられます。

そもそも、100％国産ウイスキーが必ずおいしいかといえば、そうとも限りません。したがって、外国産ウイスキーの使用自体は、別にかまわないと考えています。問題は、それを「ジャパニーズウイスキー」と謳ってしまうところにあるのです。

海外のウイスキーファンが、ジャパニーズウイスキーだと思って飲んでいたものの中身が、実は外国産ウイスキーの割合のほうが多い（場合によっては100％）と知ったら、どう思うでしょうか。それどころか、醸造アルコール入りだったら？　だまされたような気持ちにならないでしょうか。「ジャパニーズウイスキーはもう二度と買わない」。そう思う人が出てきてもおかしくありません。

それに、国内の消費者に対しても不誠実です。この事実を知った今、ジャパニーズウイスキーは素晴らしいと、手放しで誇れるでしょうか。

もちろん、すべてのウイスキーメーカーが、なんでもかんでもジャパニーズウイスキーと表示しているわけではありません。対策を講じるメーカーも増えています。

たとえば、サントリーが2019年にリリースした「碧《あお》 Ao」は、「ワールドウイスキー」を名乗っています。

2014（平成26）年、サントリーはアメリカ最大の蒸留酒メーカー、ビーム社を買収。これにより、世界五大ウイスキーのすべての産地に自社の蒸留所を保有する一大ウイスキーメーカーになりました。前出の「碧 Ao」は、サントリーが保有する五大ウイスキーをブレンドして誕生した、世界に類を見ないブレンデッドウイスキーです。今の日本では「ジャパニーズウイスキー」を名乗ることも可能ですが、サントリーは「ワールドウイスキー」として売り出しています。

こういった取り組みは、秩父蒸溜所のベンチャーウイスキーも始めています。同社のイチローズモルトの一部の銘柄では、自社産のモルト原酒以外に、海外から輸入したモルト原酒、グレーン原酒がブレンドされています。これらの製品のいくつかはかつて、「秩父ブレンデッド」と表記されていました。しかし現在は、消費者に誤解を与えぬよう、「ワールドブレンデッド」に変わっています。ほかにも、輸入原酒を使ったブレンデッドウイスキーの表記を、「ブレンデッドジャパニーズウイスキー」から、「ブレンデッドウイスキー」に改めたところもあります。

このような自主的な取り組みは大いに歓迎すべきです。ただ、残念ながら法的効力はもちろんなく、各メーカーの良識に任せるほかないのが現状です。

ウイスキーと同様の問題を、かつてはワインも抱えていました。海外でつくられたワインを輸入し、国内で瓶詰めしても「日本ワイン」、海外からブドウ果汁を仕入れて日本で発酵させても「日本ワイン」。そんな時代があったのです。

状況が変わったのは２０１５（平成27）年、国税庁が「果実酒等の製法品質表示基準」（平成27年国税庁告示第18号）を制定してからです。表示の切り替えなどにかかる時間を考慮して、実際には２０１８（平成30）年に施行されました。この基準により、日本ワインは「日本産のブドウのみを使用し、日本国内で製造したワイン」と定義されたのです。同基準ではさらに、ラベルに産地名やブドウの品種名、ヴィンテージ（収穫年）を表示するうえでのルールも定められており、違反した場合は、50万円以下の罰金や、酒類の製造免許等の取り消しの対象となります。

また、２０１５年は、日本酒において地理的表示が指定された年でもあります。これにより、「米および米こうじに国内産米のみを用いる」「酒税法第3条第7号に規定する『清酒』の製造方法により、日本国内において製造」といった要件を満たす清酒のみが「日本酒」と表示できるようになりました。要件を満たさない清酒が地理的表示の「日本酒」を謳うと、行政による取り締まりの対象となったのです。

ワインと日本酒の定義に関する法制度が進められた背景には、ワインおよび日本酒の輸出促進という政府の方針があります。であれば、近年、急激に輸出が増えているウイスキーについても、早急に対策をすべきではないでしょうか。このままでは、ジャパニーズウイスキーのブランドイメージは地に落ちかねません。

すでに海外のネットでは、ジャパニーズウイスキーに醸造アルコールや外国産ウイスキーが使われていることを問題視する投稿が増えています。2020年5月には、ニューヨーク・タイムズの電子版においても、ジャパニーズウイスキーの定義に関する記事が配信されました。記事のタイトルは、「Some Japanese Whiskies Aren't From Japan, Some Aren't Even Whisky」(「いくつかのジャパニーズウイスキーは日本産ではないかもしれず、さらにいくつかのジャパニーズウイスキーはウイスキーですらないかもしれない」)。衝撃的なタイトルです。私のもとにも取材があり、ジャパニーズウイスキーの現状についてお話しさせていただきました。

ジャパニーズウイスキーのグローバル化は今後ますます加速するでしょう。だからこそ、信頼と品質を守るために、また、台湾やインドといったウイスキー新興国が台頭するなかで競争力を強化するためにも、定義策定は急務なのです。

では、どのような定義が考えられるでしょうか。

私が実行委員長を務める東京ウイスキー&スピリッツコンペティション(TWSC)では、国内でつくられるウイスキーを次の三つのカテゴリーに分けています。

①ジャパニーズウイスキー(日本ウイスキー)

②ジャパニーズニューメイクウイスキー（日本ニューメイクウイスキー）
③ジャパンメイドウイスキー（日本製ウイスキー）

①のジャパニーズウイスキーは、日本の蒸留所で糖化、発酵、蒸留を行ない、日本国内で熟成を行なったウイスキーのことで、以下のすべての項目を満たしてはじめて、ジャパニーズウイスキーと呼称できます。

（1）糖化：穀物を原料とし、大麦麦芽の酵素、あるいは天然由来の酵素（麴を除く）によって糖化を行なう
（2）発酵：酵母によってこれを行なう
（3）蒸留：蒸留はアルコール分95％未満で行なう
（4）熟成：木製の樽、あるいは木製の容器によって行なう。熟成は2年以上とする
（5）瓶詰：アルコール分40％以上で行なう。色調整のための天然カラメル（E150a）の添加は許される
※原料の大麦麦芽については、国産・外国産どちらを使用してもかまわない

②のジャパニーズニューメイクウイスキーは、熟成2年未満のウイスキーのことで、そのほ

かの条件はジャパニーズウイスキーの定義と同じです。ウイスキーである以上、まったく熟成させていないものは、これには当てはまりません。

③のジャパンメイドウイスキーとは、外国産のウイスキーを輸入し、日本でジャパニーズウイスキーとブレンド（混合）し、瓶詰めしたウイスキーです。外国産ウイスキーのみを用いたものは、ジャパンメイドウイスキーとは呼称できず、「ワールドウイスキー」となります。さらに、外国産ウイスキーについては「穀物を原料とする」「蒸留を行なう」「木製容器で熟成する」というウイスキーの三大要件を満たしていることが条件で、穀物以外のモラセス（廃糖蜜）などを使った醸造アルコールの混和は認めません。

以上は、あくまでもTWSCにおけるルールです。実際にジャパニーズウイスキーの定義を決めるとなったら、さまざまな角度から議論する必要があるでしょう。

たとえば、TWSCでは熟成年数を2年以上としています。スコッチやアイリッシュ、カナディアンと同じ3年にしなかったのは、日本のほうが温暖な気候でウイスキーの熟成が早いからです。しかし、国内のクラフト蒸留所の多くは、スコットランドの3年にならい、3年以上熟成した製品をウイスキーとして販売しています。

また、「日本ワイン」も「日本酒」も、主原料のブドウと米は国内産が決まりです。他方、ウイスキーの場合は大麦麦芽を国産に限るのは現状では無理があります。とはいえ、原料の国産化を進める蒸留所もあるので、ゆくゆくはなんらかのルールづくりが必要となるかもしれません。

いずれにしても、ジャパニーズウイスキーの定義をはっきりさせるべきだという私の提案には、大手メーカー、クラフト蒸留所の多くが賛同してくれています。実のところ、日本洋酒酒造組合が定義の策定に乗り出していたのですが、新型コロナの影響により保留となってしまいました。これは非常に残念です。

ただ、立ち止まってはいられません。ジャパニーズウイスキーはこの瞬間も、国内外で飲まれているのです。そこで今、私にできることとして、任意団体のジャパニーズウイスキー・アソシエーション（ＪＷＡ）の立ち上げを進めています。ＪＷＡが中心となって、まずはジャパニーズウイスキーの定義を世界に発信する。そしていつかは、「日本ワイン」「日本酒」と同様の強制力のある法的基準によって、ジャパニーズウイスキーの定義を打ち立てられたらと考えています。私の残りの人生を賭けて、なんとしても成し遂げたいところです。

ジャパニーズウイスキーの未来

山崎蒸溜所の建設がはじまった１９２３（大正12）年は、日本のウイスキー元年といわれています。鳥井信治郎と竹鶴政孝の熱い志によって産声を上げたジャパニーズウイスキーは、厳しい冬の時代も乗り越え、ここまで続いてきました。なかでもこの5年ほどは、世界的な品評会での受賞にオークションでの高額落札、クラフト蒸留所の急増と、うれしいニュースが目白押し。２０２３年の１００周年に向けて、この勢いは続くものと誰もが思っていました。

ところが、コロナ禍により急ブレーキがかかりました。蒸留所は見学休止を余儀なくされ、大規模なウイスキーイベントはすべて中止。先行きを不安視する関係者も少なくありません。

ただ、正直なところ、私はあまり悲観はしてはいません。それどころか、ジャパニーズウイスキーの関係者全員が足を止めて考える、いい機会になったのではないかと感じているのです。

近年のジャパニーズウイスキーの盛り上がりは、中国経済によって支えられていた部分が大きく、中国の人々がジャパニーズウイスキーを大量に飲み、買ってくれなければ、ここまでの活況はなかったかもしれません。日本の（あるいは世界の）ほかのさまざまな業界がそうであるように、ウイスキーもまた、中国の経済力に依存していました。そして、突然のブームに浮かれるあまり、ジャパニーズウイスキーの本当の価値、つまりは味であったり、クラフトマンシップであったり、信頼性であったりが、どこか置き去りになっていたように思うのです。

ワクチンが開発され、コロナの脅威がなくなったとしても、コロナ以前とまったく同じ状況になることはないでしょう。中国経済に頼ることなく、アフターコロナにジャパニーズウイスキーをもう一度盛り立てていけるかどうかは、行きすぎたブームの裏で見失っていたものを取り戻せるかどうかにかかっています。ジャパニーズウイスキーの定義問題もその一つです。

欧米では、酒の知識はビジネスや社交の場に欠かせない教養だといわれています。欧米で求められる酒の知識とは、ワインにシェリー、ポート、マデイラ、ブランデー、コニャック、そしてウイスキーです。なかでもスコッチは、今や世界の共通言語となりつつあります。グローバルに活躍するビジネスパーソンにとって、スコッチについて語れるスキルは強力な武器となるのです。

ジャパニーズウイスキーはどうでしょうか。日本のウイスキーに興味を持っている人は世界中にいます。ビジネスシーンで話題をふられることもあるでしょう。そのとき、ジャパニーズウイスキーのなんたるかを語る言葉を、私たちは持っているでしょうか。

ジャパニーズウイスキーが世界の共通言語になれるかどうか。ジャパニーズウイスキーの真価が今、問われているのです。

おわりに
ジャパニーズウイスキーの幸運

ジャパニーズウイスキーは誕生して100年足らずですが、なぜここまで評価が高まったのでしょうか。一つはジャパニーズが幸運に恵まれていたことだと思います。
スコッチやアイリッシュは現在の製法にたどり着くまでに500年近い歳月を要しています。試行錯誤の末、現在の製法に到達したのは今から100年ほど前のことでした。山崎蒸留所の初代工場長で、ニッカウヰスキーの創業者・竹鶴政孝が留学したのは、まさにその時代だったのです。つまり回り道することなく、いきなり王道のつくりを習得することができた。それが、ジャパニーズウイスキーの幸運だったと、私は考えています。

もちろん、それだけでは日本のウイスキーが、スコッチやアイリッシュ、アメリカンと肩を並べて〝世界五大ウイスキー〟といわれるまでにはなっていません。そこには竹鶴だけでなく、寿屋の鳥井信次郎や摂津酒造の阿部喜兵衛、そして岩井喜一郎といった人たちの、ウイスキーにかける熱い情熱があったからこそだと思っています。そうした先人達の熱い想いが、今日の日本のウイスキーをつくったのです。

２０２３年はジャパニーズウイスキーが誕生して１００年です。来るべき１００周年に向けて、今その歴史を振り返ることは意義のあることだと思っています。この本がそのことに、少しでもお役に立てればと願ってやみません。

最後になりましたが編集担当の祥伝社の名波十夢さんと、資料整理をしてくれたライターの小川裕子さん、そしてウイスキー文化研究所のスタッフに感謝を申し上げます。この困難なコロナ禍のなかで、時間を惜しまず献身的に協力してくれました。いつにも増して、感謝申し上げる次第です。

２０２０年9月

土屋　守

画像協力

◎序章

P.24 ………… キリンホールディングス株式会社／サントリーホールディングス株式会社／ペルノ・リカール・ジャパン株式会社／株式会社ウイスキー文化研究所

P.25 ………… アサヒグループホールディングス株式会社／サントリーホールディングス株式会社／株式会社ウイスキー文化研究所

P.29 ………… 株式会社ウイスキー文化研究所

P.34 ………… GeorgiosArt／iStock

P.40 ………… アサヒグループホールディングス株式会社／キリンホールディングス株式会社／サントリーホールディングス株式会社／CT Spirits Japan 株式会社／株式会社ウイスキー文化研究所

P.42 ………… サントリーホールディングス株式会社／株式会社ウイスキー文化研究所

P.48 ………… ガイアフロー株式会社

P.49 ………… 国分グループ本社株式会社／株式会社ウイスキー文化研究所

P.52 ………… リードオフジャパン株式会社

◎第1章

P.62 ………… ペルノ・リカール・ジャパン株式会社

P.71 ………… サントリーホールディングス株式会社

P.74 ………… アサヒグループホールディングス株式会社

P.77 ………… アサヒグループホールディングス株式会社

P.78 ………… アサヒグループホールディングス株式会社

P.85 ………… サントリーホールディングス株式会社／株式会社ウイスキー文化研究所

P.87 ………… サントリーホールディングス株式会社

P.93 ………… アサヒグループホールディングス株式会社／株式会社ウイスキー文化研究所

P.96 ………… アサヒグループホールディングス株式会社／サントリーホールディングス株式会社／株式会社ウイスキー文化研究所

P.105 ……… サントリーホールディングス株式会社

◎第2章

P.111 ……… バカルディ ジャパン株式会社

P.112 ……… バカルディ ジャパン株式会社

P.114 ……… バカルディ ジャパン株式会社

P.115 ……… Heritage Image Partnership Ltd／Alamy Stock Photo

P.118 ……… サントリーホールディングス株式会社

P.120 ……… サントリーホールディングス株式会社

P.122 ……… アサヒグループホールディングス株式会社

P.123 ………… サントリーホールディングス株式会社
P.125 ………… サントリーホールディングス株式会社／本坊酒造株式会社
P.127 ………… サントリーホールディングス株式会社
P.129 ………… アサヒグループホールディングス株式会社／株式会社ウイスキー文化研究所
P.130 ………… アサヒグループホールディングス株式会社／サントリーホールディングス株式会社／株式会社ウイスキー文化研究所
P.133 ………… アサヒグループホールディングス株式会社／株式会社ウイスキー文化研究所
P.135 ………… アサヒグループホールディングス株式会社／サントリーホールディングス株式会社／株式会社ウイスキー文化研究所
P.136 ………… アサヒグループホールディングス株式会社／株式会社ウイスキー文化研究所
P.139 ………… サントリーホールディングス株式会社／株式会社サン・アド
P.141 ………… Ronald Grant Archive ／ Mary Evans ／共同通信イメージズ
P.143 ………… キリンホールディングス株式会社／サントリーホールディングス株式会社／株式会社ウイスキー文化研究所
P.147 ………… 20th Century FOX ／ AF Archive ／ Mary Evans Picture Library ／共同通信イメージズ
P.148 ………… 共同通信社
P.149 ………… キリンホールディングス株式会社
P.150 ………… サントリーホールディングス株式会社／株式会社サン・アド／21インコーポレーション／開高健記念館
P.151 ………… 共同通信社
P.154 ………… サントリーホールディングス株式会社／株式会社博報堂／長谷川好男／有限会社ワンポイント
P.157 ………… サントリーホールディングス株式会社／株式会社電通／浅葉克己デザイン室
P.159 ………… サントリーホールディングス株式会社／株式会社博報堂／浅葉克己デザイン室／菅原文子／株式会社現代書館
P.163 ………… サントリーホールディングス株式会社
P.165 ………… アサヒグループホールディングス株式会社
P.166 ………… AF Archive ／ Mary Evans Picture Library ／共同通信イメージズ
P.170 ………… アサヒグループホールディングス株式会社
P.172 ………… サントリーホールディングス株式会社／西村佳也／長谷川好男／株式会社宣伝会議

◎第 3 章

P.177 ………… 株式会社ベンチャーウイスキー／株式会社ウイスキー文化研究所
P.187 ………… アサヒグループホールディングス株式会社
P.189 ………… サントリーホールディングス株式会社
P.190 ………… ROAD MOVIE FILMPRODUKTION ／ Ronald Grant Archive ／ Mary Evans ／共同通信イメージズ

P.192 ………… サントリーホールディングス株式会社／株式会社電通／株式会社東北新社／込山富秀／小野田隆雄／東京コピーライターズクラブ／有限会社長塚京三オフィス
P.193 ………… アサヒグループホールディングス株式会社
P.194 ………… サントリーホールディングス株式会社
P.197 ………… アサヒグループホールディングス株式会社／キリンホールディングス株式会社
P.205 ………… キリンホールディングス株式会社／サントリーホールディングス株式会社
P.207 ………… サントリーホールディングス株式会社／宮本敬文

◎第 4 章

P.223 ………… 株式会社ベンチャーウイスキー／株式会社ウイスキー文化研究所
P.225 ………… 若鶴酒造株式会社
P.226 ………… 若鶴酒造株式会社／株式会社ウイスキー文化研究所
P.230 ………… 株式会社黒木本店／株式会社ウイスキー文化研究所
P.232 ………… 木内酒造合資会社／株式会社ウイスキー文化研究所
P.233 ………… 中国醸造株式会社
P.234 ………… 中国醸造株式会社／株式会社ウイスキー文化研究所
P.236 ………… 小正醸造株式会社／株式会社ウイスキー文化研究所
P.237 ………… 本坊酒造株式会社
P.240 ………… ガイアフロー株式会社／株式会社ウイスキー文化研究所
P.241 ………… 堅展実業株式会社／株式会社ウイスキー文化研究所
P.242 ………… 堅展実業株式会社／株式会社ウイスキー文化研究所
P.253 ………… 株式会社ウイスキー文化研究所

◎カバー

FoodAndPhoto/stock.adobe.com

ビジネスに効《き》く教養《きょうよう》としてのジャパニーズウイスキー

令和２年10月10日　初版第１刷発行

著　者　土《つち》屋《や》　守《まもる》
発行者　辻　浩明
発行所　祥《しょう》伝《でん》社《しゃ》
〒101-8701
東京都千代田区神田神保町3-3
☎03(3265)2081(販売部)
☎03(3265)1084(編集部)
☎03(3265)3622(業務部)

印　刷　堀内印刷
製　本　積信堂

ISBN978-4-396-61742-4　C0034
祥伝社のホームページ・www.shodensha.co.jp